全国农田面源污染
排放系数手册

任天志　刘宏斌　范先鹏　邹国元　刘　申　等　著

中国农业出版社

作　者　名　单

（以姓氏笔画为序）

丁国平	万成旺	卫国庭	习　斌	马　玲	马　勋	马友华	马兴旺
马忠明	马海清	王　伟	王　英	王　勇	王　涛	王　萍	王文凯
王允成	王书聪	王玉峰	王玉清	王世荣	王业坤	王永霞	王成会
王红华	王志峰	王良华	王良军	王青立	王忠柳	王金保	王春香
王衍亮	王彦平	王彦荣	王洪宝	王洪涛	王洪媛	王振平	王崇旺
王瑞生	王瑞海	亓翠玲	韦思肖	云维彪	毛妍婷	文　震	方　放
方海维	尹正平	邓孝祺	邓定元	邓相秋	甘小泽	甘金汉	艾绍英
左　强	石世杰	石孝均	石润圭	龙　凤	龙如高	龙明良	卢立斌
叶　夏	申义珍	田　涛	田发祥	田桃秀	付光荣	代云国	白存生
白晓康	包兴国	宁旭明	边新忠	达　瓦	成振华	毕文喜	师朝霞
同延安	吕降云	朱　平	朱贤东	任天志	任传猛	向　彬	向华辉
刘　申	刘　峰	刘　敏	刘东升	刘东斌	刘冬碧	刘先才	刘兆辉
刘应发	刘宏斌	刘坤智	刘国杨	刘建军	刘孟朝	刘晓继	刘晓霞
刘娴英	刘清树	刘辉祥	刘献宇	刘新军	刘德龙	刘德荣	齐秀华
闫　成	关故章	江丽华	汤笑燕	安志装	安沫平	许大志	许善民
孙文涛	孙玉龙	孙世友	孙占潮	孙志东	孙治旭	孙春元	阳本友
纪水明	纪雄辉	严天平	苏　刚	杜丽美	杜连凤	杜新其	李　杰
李　季	李　波	李　峰	李　娟	李　掌	李　斌	李天海	李天琦
李月梅	李书琴	李功武	李占军	李志翔	李丽霞	李茂军	李国平
李建飞	李俊松	李俊玲	李振森	李晋文	李晓东	李晓华	李恩涛
李高峰	李盛泽	李崇霄	李彩云	李循早	李盟军	杨　帆	杨　军
杨　波	杨友仁	杨玉杰	杨利福	杨怀钦	杨虎德	杨建国	杨思存
肖延玉	吴文彬	吴东平	吴丽琴	吴茂前	吴建洲	吴锦明	邱　丹

何　滨　何三信　何丙辉　何永建　何晓荣　何朝庭　何曙光　佘才鼎
余先桃　余伟樵　谷海红　邹　斌　邹吉彦　邹国元　邹忠君　冷寿云
汪　涛　沈生元　沈琼华　宋　池　宋健荣　宋彬云　张　玮　张　波
张　啸　张　瑜　张子奇　张开军　张玉树　张正祥　张传江　张亦涛
张花荣　张述清　张国政　张国彬　张学军　张建华　张建国　张春雨
张显川　张星星　张贵龙　张秋顺　张勇勇　张爱莲　张海希　张家云
张继宗　张敬锁　张富林　陆汉平　陈　林　陈　勇　陈　曦　陈天云
陈东明　陈立忠　陈安强　陈启银　陈昌文　陈钦富　陈银顺　陈道全
陈燕艺　武玉臣　武淑霞　范先鹏　范修远　林天杰　林厚真　林超文
欧锋云　卓绍佺　尚建通　易家鸿　罗兴华　罗春庆　罗春燕　罗绪坚
竺传松　金海洋　金肇熙　周　洁　周吉凤　周亚军　周优良　周明冬
周柳强　周继文　郑　俊　郑向群　郑雅莲　孟东辉　孟祥军　赵　力
赵少婷　赵玉平　赵建民　赵朝晖　赵爕京　胡　英　胡万里　胡加良
胡其山　柯信孙　钟永辉　段大海　侯廷岗　姜伟锋　姜新丽　姚大庆
姚艳平　姚善厚　秦　松　秦荣昆　秦晓辉　敖志东　桂林国　索长城
贾子玉　贾兰英　夏　颖　夏伟民　钱士明　钱国明　钱忠龙　徐　俊
徐　越　徐宏军　徐昌旭　徐效俊　徐敏权　凌乃规　栾　剑　郭年东
郭岩松　席运官　唐　平　唐　政　唐文跃　唐正亮　唐冬梅　唐克君
陶　伟　陶云彬　黄　鑫　黄日富　黄文星　黄玉宾　黄世江　黄术高
黄东风　黄生斌　黄永学　黄刘宁　黄志锋　黄克军　黄宏坤　黄科延
黄晶晶　黄碧燕　曹建国　曹梦奇　龚成文　龚国祥　龚素华　龚晓东
符少怀　符永和　麻景禄　章国雄　梁亚养　梁声明　梁应亮　梁显方
寇建平　彭　畅　斯黔东　葛景盛　董文忠　蒋双林　蒋英华　蒋善友
韩　银　韩允垒　韩守新　韩景林　辜正清　景镇举　喻克让　傅建伟
焦和平　番家清　鲁　耀　童得保　曾　荣　曾朝辉　曾新华　温切木
谢可军　谢胜祖　鄢云享　雷　勇　雷宝坤　雷秋良　路华忠　詹荣辉
阙惠庭　蔡宁波　蔡国学　管明乐　廖棣祥　廖勤周　谭佐文　谭宏伟
谭非云　谭晓宁　翟丽梅　熊　飞　熊桂云　熊朝晖　黎朝珍　颜学祥
潘元清　潘希波　潘建华　薛　峰　魏　丹　欧阳作富

序

在全国农业面源污染监测研究团队的辛勤努力下，《全国农田面源污染排放系数手册》终于出版了。该书针对农田面源污染发生特点，以农田田块为尺度，以种植模式为单元，以地表径流和地下淋溶两大排放途径，准确测算出全国各大区域种植业在生产过程中的肥料和农药使用情况、流失量、流失系数和流失规律。这些系数支撑了第一次全国污染源普查，准确测算了全国农田面源污染负荷，初步摸清了全国农田面源污染出田底数。作为一本农业面源污染基础数据查询的简单实用的工具书，将为全国各地测算农田面源污染发生负荷、评估种植业源污染现状、政府制定农业环境保护政策和开展农田面源污染控制技术研究提供科学依据和参考。

《全国农田面源污染排放系数手册》的出版源于 2007 年的第一次全国污染源普查。要准确测算农业源污染状况，农田面源污染排放系数是不可或缺的重要参数。为此，设立了第一次全国污染源普查重大科技专项“全国种植业源、畜禽养殖业源产排污系数测算”来支撑农业污染源普查。由于农田面源污染发生具有随机性、不确定性、隐蔽性和滞后性等特点，需要进行较长时间的监测研究，在农业部生态环境保护专项“农业面源污染定位监测与防治技术研究及示范（2001—2012 年）”、公益性行业（农业）科研究专项“主要农区农业面源污染监测预警与氮磷投入阈值研究”等项目的支持下，农田面源污染排放系数的研究持续了 8 年时间。

《全国农田面源污染排放系数手册》以我国农业种植区划和优势农产品区划为依据，在主要农作物种植区域选择典型种植制度和具有代表性地形、地貌的农田，在收集分析国内外农田面源污染流失系数研究方法、结果和全国农业种植区划及优势农产品布局等资料的基础上，构建了农田污染物流失负荷测算方法。综合考虑农田面源污染的发生规律和主要影响因素（如地形、气候、土壤、作物种类与布局、种植制度、耕作方式、灌排方式等），主要依据地形和气候特征，将全国种植业污染源划分为六大区域。结合各个分区的所辖县（市）具体特点在全国设置典型农田作为定位监测点，全国共设置地下淋溶和地表径流定位监测试验点372个。其中，地下淋溶试验点140个，包括大田试验点47个，保护地菜田40个，露地菜田31个，果园22个；地表径流试验点232个，包括水田试验点46个，水旱轮作51个，旱地平原57个，坡耕地78个。通过对农田地表径流和地下淋溶的多年的连续监测、样品采集化验和数据资料的汇总分析，测算了不同模式下农田面源污染物的基础流失量、常规生产方式下的流失量等流失系数，监测的过程科学合理。

最后，我要感谢全国农业面源污染监测研究团队为此而付出的辛勤劳动与努力。这个团队是由农业部委托中国农业科学院农业资源与农业区划研究所为牵头单位，组织全国各地农业科学院、农业大学、农业环保站等单位农业资源与农业环境专业的科技人员组建而成。所有的科技人员工作在农业生产第一线，依托分布于全国主要农区的农田原位监测点，按照全国统一的监测技术和方法，采集了大量的监测数据和样品，进行样品分析测试、数据上传与分析与整理，保证了农田面源污染排放系数的准确性和科学性。

王祈亮

2015年6月

前　言

第一次全国污染源普查于2007年启动实施，农业部组织全国各省（自治区、直辖市）及计划单列市农业环保行政主管部门，开展了全国农业污染源普查。全国各级农业环保行政主管部门，组织了大量的人力物力，按照统一的实施方案，对31个省份、2 710个农业县（区）、35 994个乡（镇）的农业污染源基本现状进行清查、普查，同时对201万个典型地块的农田面源污染信息进行了入户调查，获取了大量基础数据，为农业源污染状况公报的公布打下了基础。但是，不能忘记的一点是，在测算农业源污染状况时，农田面源污染排放系数是不可或缺的重要参数，如果没有这些参数，前面耗费大量工作所获得的基础数据就难以转化为公众所熟知的农业源污染数据，公报就难以及时公布。

尽管我国之前开展过一些农业面源污染负荷测算研究，但工作并不系统，不同区域不同种植模式下农田氮、磷面源污染排放系数和农药排放系数等资料极端缺乏，数据也不标准、不统一，难以支撑全国农业污染源普查的需要。正是由于这些重大基础数据缺乏，农业部及时委托中国农业科学院农业资源与农业区划研究所作为牵头单位，组织全国各地农业科学院、农业大学、农业环保站等众多农业资源、农业环境保护专业的科技人员，组建农业面源污染监测研究团队，在开展全国农业污染源普查的同时，启动了种植业源农田污染物排放系数测算研究工作。

为了获得准确、全面、系统的农田面源污染排放系数，研究团队依据地形、生态类型和气候特征，将全国主要农业区域划分为东北半湿润平原区、黄淮海湿润半湿润平原区、南方山地丘陵区、南方湿润平原区、北方高原山地区、西北干旱半干旱平原区等六大区域，并依据我国农业种植区划和主要农作物种植制度，在收集、分析、创新农田面源污染排放系数研究方法的基础上，选择代表性典型农田地块，在全国设置了地下淋溶和地表径流农田面源污染定位监测试验点 372 个，按照全国统一的监测方案，开展了持续的监测研究工作，形成了全国主要农区农田面源污染排放系数，及时支撑了农业面源普查工作的开展。

本书的出版发行，是我国农业资源与农业环境保护工作者近年来持续工作成果的一个体现，同时也向广大读者提供一个重要的窗口，让大家能够更深刻地认识和了解我国不同区域、不同地形、不同种植模式下农田面源污染物排放的基本情况，肥料、土壤本身对农田面源污染氮、磷排放的相对贡献，不同品种农药排放现状等，让广大的研究人员获得更为全面系统的信息去分析和评价我国农田面源污染状况，以期进一步有针对性地研发相关技术，推动全国农田面源污染预防与治理工作。

由于工作开展时间短，而且农田面源污染发生发展所固有的随机性、不确定性、隐蔽性、滞后性等特点，全国主要农区农田面源污染排放系数也需要不断完善，其数据本身必然也会随着气候年型、作物种植方式、管理水平的变化等因素而可能发生重大的变化，但是，它不会影响本书出版所应有的科学价值。希望本书能带给读者一些有益的启示和有价值的参考，那就没有辜负作者团队和工作集体的辛勤劳动，也是他们最大的欣慰。

本书是初次出版，再加上以往可参考数据少，工作团队实践经验不足，编写疏漏之处恐怕不少，还望广大读者批评指正。

目　　录

第二部分 农田农药排放系数

第一部分

农田氮、磷排放系数

第一章　农田氮、磷排放系数测算

全国主要农区农田氮磷排放系数是指特定种植模式下以径流或淋溶方式流出农田的氮磷量及其相对比例，系数的测算是在实地监测的基础上获得的，监测选择的地块充分地考虑了区域生态、地形、种植制度的代表性、典型性等要素，监测周年必须覆盖该模式的生育期。

农田氮磷排放系数的获得为我们深化农田面源氮磷污染防治工作打下了基础，其具体作用包括以下三个方面：

（1）为测算全国各主要农区农田氮、磷污染排放总量提供技术支持，保证数据的准确性和科学性。

（2）掌握农田地表径流、地下淋溶方式的氮、磷排放特点与规律，科学客观评价肥料氮、磷排放贡献，从而改变不合理的生产方式，减少农业生产过程中的环境污染。

（3）摸清农田地表径流、地下淋溶方式的氮、磷排放底数，为政府制定农业环境保护相关政策提供决策依据。

第一节　农田氮、磷排放系数测算依据

一、系数获取思路

在综合考虑农田面源氮、磷污染的发生规律和主要影响因素（如地形、气候、土壤、作物种类与布局、种植制度、耕作方式、灌排方式等）的基础上，本次普查主要依据地形和气候特征，将全国主要农产区划分为六大区域。结合各个分区的所辖县（市）、耕地面积、作物种类、土壤类型、种植制度以及农田氮、磷污染特征，全国共设置地下淋溶和地表径流定位监测试验点 372 个。其中，地下淋溶试验点 140 个，包括大田试验点 47 个，保护地菜田 40 个，露地菜田 31 个，果园 22 个；地表径流试验点 232 个，包括水田试验点 46 个，水旱轮作 51 个，旱地平原 57 个，坡耕地 78 个。通过 1 周年针对农田地表径流和地下淋溶的连续监测、样品采集分析测试和数据资料的汇总分析，测算不同模式下农田氮、磷排放系数。

在项目实施过程中，各监测点采取专人负责制，组织专家对技术数据进行审核、校验、质量监控，开展相关技术咨询和服务；定期开展项目执行情况交流与考核，定期发布项目实施情况简报，交流、共享各地工作经验，保证了排放系数测算的准确性和科学性。

二、地表径流和地下淋溶监测方法

监测试验在全国各个省、自治区、直辖市基本上均有分布。监测周期为1年，目的在于测算全国各主要农区主要种植模式的农田氮、磷排放系数。地下淋溶监测试验和地表径流监测试验，均设置两个处理，分别为：

处理1为对照处理，不施任何肥料。

处理2为常规处理，肥料的施用量、施用方法和施用时期完全遵照当地农民生产习惯。

每个处理设3次重复，每个监测点共计6个小区。小区面积、形状、规格完全相同，小区面积不小于$20m^2$。

三、农田氮、磷排放系数计算方法

各监测地块中，以地表径流（或地下淋溶）途径排放的氮、磷等于整个监测周期中（1周年）各次径流水（或淋溶液）中污染物浓度与径流水（或淋溶水）体积乘积之和。计算公式如下：

$$P=\sum_{i=1}^{n}c_i\times V_i$$

式中：P——污染物流失量；

c_i——第i次径流（或淋溶）水中氮、磷和农药的浓度；

V_i——第i次径流（或淋溶）水的体积。

各监测地块肥料氮磷、农药排放系数以流失率（%）表示，以氮素为例，计算公式如下：

$$\text{肥料氮素流失率}=\frac{\text{常规处理氮素流失量}-\text{对照处理氮素流失量}}{\text{肥料氮施用量}}\times 100\%$$

各模式排放系数为该模式所有地块排放系数的算术平均值。

第二节　相关名词解释

一、监测类型

主要农田原位监测试验的类型，是属于监测地表径流途径或者地下淋溶途径。

二、所属分区

根据地形地貌和气候等因素把全国主要农区划分为六个区域，即：北方高原山地区、东北半湿润平原区、黄淮海半湿润平原区、南方山地丘陵区、南方湿润平原区和西北干旱半干旱平原区。

三、地形

指的是监测地块所地形，坡度≤5°为平地；坡度 5°～15°为缓坡地；坡度>15°为陡坡地。

四、梯田/非梯田

梯田是在坡地上分段沿等高线建造的阶梯式农田。是治理坡耕地水土流失的有效措施，蓄水、保土、增产作用十分显著。梯田的通风透光条件较好，有利于作物生长和营养物质的积累。按田面坡度不同而有水平梯田、坡式梯田、复式梯田等。

五、种植方向

指在缓坡或陡坡地中，作物种植方向与地块坡度方向垂直的种植方式为横坡种植，作物种植方向与地块坡度方向平行的种植方式为顺坡种植。

六、常规施肥区流失量

监测试验方案中常规施肥区农田 1 个监测周期内氮（N）或磷（P）的流失量，单位为 kg/亩*。

---

* 亩为非法定计量单位，1 亩≈667m²。

七、不施肥区流失量

监测试验方案中不施肥区农田1个监测周期内氮（N）或磷（P）的流失量，单位为kg/亩。

八、肥料氮或磷流失系数

常规施肥区1个监测周期内氮或磷的流失量与不施肥区流失量之差占该周期内肥料氮或磷施用总量的百分数，单位为%。

九、肥料施用量

1个监测周期内，单位面积农田氮或磷肥料的施用总量，以有效成分（N、P_2O_5）计，单位为kg/亩。

第三节　农田氮、磷排放系数手册使用方法

一、农田氮、磷排放系数构成

本手册提供的系数，按农田氮、磷排放途径分为地表径流和地下淋溶两大类。每个类型下，根据所有分区、地块地形、土地利用类型、种植方向及种植制度划分为不同的种植模式，1种种植模式对应1组农田氮、磷排放系数，包括常规施肥条件下1个监测周期（1个种植年）内总氮（TN）、硝态氮（NO_3^-－N）、铵态氮（NH_4^+－N）的流失量，总磷（TP）、可溶性总磷（DTP）的流失量；不施肥条件（空白对照）下1个监测周期内总氮（TN）、硝态氮（NO_3^-－N）、铵态氮（NH_4^+－N）的流失量，总磷（TP）、可溶性总磷（DTP）的流失量；1个监测周期内肥料氮流失系数、肥料磷流失系数。

二、农田氮、磷排放系数手册查询方法

使用农田氮、磷排放手册时，按以下步骤来查询：

第一步：根据农田氮、磷排放途径，查询监测类型（地表径流或地下淋溶）；

第二步：在查询目录里找到所需区域分区；

第三步：查询所监测的地块地形；

第四步：查询所监测的地块是否属于梯田；

第五步：查询所监测的地块的种植方向，分为横坡种植和顺坡种植两种；
第六步：查询所监测的地块土地利用类型；
第七步：查询所监测地块的种植类型；
第八步：在查询目录里找到以上字段组成的模式对应的模式序号即可。

第二章　农田地表径流氮、磷排放系数

模式1　北方高原山地区-缓坡地-非梯田-横坡-旱地-大田一熟

<table>
<tr><td rowspan="6">模式参数</td><td colspan="2">所属分区</td><td>北方高原山地区</td></tr>
<tr><td colspan="2">地形</td><td>缓坡地</td></tr>
<tr><td colspan="2">梯田/非梯田</td><td>非梯田</td></tr>
<tr><td colspan="2">种植方向</td><td>横坡</td></tr>
<tr><td colspan="2">土地利用方式</td><td>旱地</td></tr>
<tr><td colspan="2">种植模式</td><td>大田一熟</td></tr>
<tr><td rowspan="10">流失量
(kg/亩)</td><td rowspan="2">总氮（TN）</td><td>常规施肥区</td><td>0.176</td></tr>
<tr><td>不施肥区</td><td>0.123</td></tr>
<tr><td rowspan="2">硝态氮（NO_3^-－N）</td><td>常规施肥区</td><td>0.019</td></tr>
<tr><td>不施肥区</td><td>0.015</td></tr>
<tr><td rowspan="2">铵态氮（NH_4^+－N）</td><td>常规施肥区</td><td>0.069</td></tr>
<tr><td>不施肥区</td><td>0.048</td></tr>
<tr><td rowspan="2">总磷（TP）</td><td>常规施肥区</td><td>0.009</td></tr>
<tr><td>不施肥区</td><td>0.006</td></tr>
<tr><td rowspan="2">可溶性总磷（DTP）</td><td>常规施肥区</td><td>0.004</td></tr>
<tr><td>不施肥区</td><td>0.003</td></tr>
<tr><td rowspan="2">肥料流失系数</td><td colspan="2">总氮（%）</td><td>0.541</td></tr>
<tr><td colspan="2">总磷（%）</td><td>0.272</td></tr>
</table>

（1）测算本系数的农田基本信息：

土壤类型：潮土、灰褐土、白浆土、黄绵土、黑垆土、棕壤。

土壤质地：沙壤、中壤、黏土。

肥力水平：中、低、高。

土壤养分：全氮含量平均为0.80g/kg、硝态氮含量平均为20.64mg/kg、有机质含量平均为16.11g/kg、全磷含量平均为0.82g/kg。

作物种类：小麦、大豆、马铃薯、籽用油菜、玉米。

总施氮量：13.81（以N计，kg/亩）（含有机肥氮和化肥氮）。

总施磷量：5.01（以P_2O_5计，kg/亩）（含有机肥磷和化肥磷）。

（2）注意事项：适合本模式，但未能完全满足以上条件的农田，可对照本模式下的相应参数，通过修正来确定需要测算的农田氮、磷流失系数。

模式 2　北方高原山地区-陡坡地-非梯田-顺坡-旱地-大田一熟

模式参数	所属分区		北方高原山地区
	地形		陡坡地
	梯田/非梯田		非梯田
	种植方向		顺坡
	土地利用方式		旱地
	种植模式		大田一熟
流失量（kg/亩）	总氮（TN）	常规施肥区	0.013
		不施肥区	0.009
	硝态氮（NO_3^-－N）	常规施肥区	0.002
		不施肥区	0.002
	铵态氮（NH_4^+－N）	常规施肥区	0.006
		不施肥区	0.003
	总磷（TP）	常规施肥区	0.003
		不施肥区	0.001
	可溶性总磷（DTP）	常规施肥区	0.002
		不施肥区	0.000
肥料流失系数	总氮（%）		0.175
	总磷（%）		0.440

（1）测算本系数的农田基本信息：

土壤类型：栗钙土、潮土、黑土、棕壤。

土壤质地：沙壤、轻壤、黏土。

肥力水平：中、低。

土壤养分：全氮含量平均为 0.54g/kg、硝态氮含量平均为 21.87mg/kg、有机质含量平均为 10.40g/kg、全磷含量平均为 0.36g/kg。

作物种类：谷子、青稞、籽用油菜、玉米。

总施氮量：11.20（以 N 计，kg/亩）（含有机肥氮和化肥氮）。

总施磷量：5.84（以 P_2O_5计，kg/亩）（含有机肥磷和化肥磷）。

（2）注意事项：适合本模式，但未能完全满足以上条件的农田，可对照本模式下的相应参数，通过修正来确定需要测算的农田氮、磷流失系数。

模式3 北方高原山地区-缓坡地-非梯田-顺坡-旱地-大田一熟

模式参数	所属分区		北方高原山地区
	地形		缓坡地
	梯田/非梯田		非梯田
	种植方向		顺坡
	土地利用方式		旱地
	种植模式		大田一熟
流失量（kg/亩）	总氮（TN）	常规施肥区	0.308
		不施肥区	0.234
	硝态氮（NO_3^-－N）	常规施肥区	0.067
		不施肥区	0.072
	铵态氮（NH_4^+－N）	常规施肥区	0.085
		不施肥区	0.087
	总磷（TP）	常规施肥区	0.041
		不施肥区	0.030
	可溶性总磷（DTP）	常规施肥区	0.010
		不施肥区	0.006
肥料流失系数	总氮（%）		0.566
	总磷（%）		0.313

（1）测算本系数的农田基本信息：

土壤类型：褐土、白浆土。

土壤质地：沙壤、中壤、轻壤。

肥力水平：中、低。

土壤养分：全氮含量平均为0.78g/kg、硝态氮含量平均为1.15mg/kg、有机质含量平均为14.27g/kg、全磷含量平均为1.17g/kg。

作物种类：玉米。

总施氮量：14.53（以N计，kg/亩）（含有机肥氮和化肥氮）。

总施磷量：6.87（以P_2O_5计，kg/亩）（含有机肥磷和化肥磷）。

（2）注意事项：适合本模式，但未能完全满足以上条件的农田，可对照本模式下的相应参数，通过修正来确定需要测算的农田氮、磷流失系数。

模式4 北方高原山地区-缓坡地-非梯田-横坡-旱地-园地

模式参数	所属分区		北方高原山地区
	地形		缓坡地
	梯田/非梯田		非梯田
	种植方向		横坡
	土地利用方式		旱地
	种植模式		园地
流失量（kg/亩）	总氮（TN）	常规施肥区	0.082
		不施肥区	0.030
	硝态氮（NO_3^-－N）	常规施肥区	0.048
		不施肥区	0.016
	铵态氮（NH_4^+－N）	常规施肥区	0.007
		不施肥区	0.003
	总磷（TP）	常规施肥区	0.002
		不施肥区	0.001
	可溶性总磷（DTP）	常规施肥区	0.001
		不施肥区	0.001
肥料流失系数	总氮（%）		0.275
	总磷（%）		0.021

（1）测算本系数的农田基本信息：

土壤类型：褐土、棕壤。

土壤质地：沙壤、中壤。

肥力水平：中、低。

土壤养分：全氮含量平均为1.09g/kg、硝态氮含量平均为9.57mg/kg、有机质含量平均为17.88g/kg、全磷含量平均为0.84g/kg。

作物种类：落叶果树。

总施氮量：26.15（以N计，kg/亩）（含有机肥氮和化肥氮）。

总施磷量：10.76（以P_2O_5计，kg/亩）（含有机肥磷和化肥磷）。

（2）注意事项：适合本模式，但未能完全满足以上条件的农田，可对照本模式下的相应参数，通过修正来确定需要测算的农田氮、磷流失系数。

模式 5 北方高原山地区-缓坡地-梯田-旱地-大田一熟

模式参数	所属分区		北方高原山地区
	地形		缓坡地
	梯田/非梯田		梯田
	种植方向		—
	土地利用方式		旱地
	种植模式		大田一熟
流失量（kg/亩）	总氮（TN）	常规施肥区	0.014
		不施肥区	0.005
	硝态氮（NO_3^-－N）	常规施肥区	0.002
		不施肥区	0.001
	铵态氮（NH_4^+－N）	常规施肥区	—
		不施肥区	—
	总磷（TP）	常规施肥区	0.003
		不施肥区	0.000
	可溶性总磷（DTP）	常规施肥区	—
		不施肥区	—
肥料流失系数	总氮（%）		0.120
	总磷（%）		0.088

（1）测算本系数的农田基本信息：

土壤类型：栗钙土。

土壤质地：中壤。

肥力水平：中。

土壤养分：全氮含量平均为 1.16g/kg、硝态氮含量平均为 11.10mg/kg、有机质含量平均为 19.21g/kg、全磷含量平均为 0.75g/kg。

作物种类：籽用油菜。

总施氮量：6.90（以 N 计，kg/亩）（含有机肥氮和化肥氮）。

总施磷量：5.95（以 P_2O_5计，kg/亩）（含有机肥磷和化肥磷）。

（2）备注：本手册中，表格中“—”表示无有效数据或信息。

（3）注意事项：适合本模式，但未能完全满足以上条件的农田，可对照本模式下的相应参数，通过修正来确定需要测算的农田氮、磷流失系数。

模式 6　北方高原山地区-陡坡地-非梯田-横坡-旱地-大田一熟

模式参数	所属分区		北方高原山地区
	地形		陡坡地
	梯田/非梯田		非梯田
	种植方向		横坡
	土地利用方式		旱地
	种植模式		大田一熟
流失量（kg/亩）	总氮（TN）	常规施肥区	0.012
		不施肥区	0.007
	硝态氮（NO_3^-－N）	常规施肥区	0.004
		不施肥区	0.002
	铵态氮（NH_4^+－N）	常规施肥区	0.001
		不施肥区	0.001
	总磷（TP）	常规施肥区	0.000
		不施肥区	0.001
	可溶性总磷（DTP）	常规施肥区	0.000
		不施肥区	0.000
肥料流失系数	总氮（%）		0.055
	总磷（%）		0.004

（1）测算本系数的农田基本信息：

土壤类型：褐土。

土壤质地：轻壤。

肥力水平：中。

土壤养分：全氮含量平均为 0.69g/kg、有机质含量平均为 8.73g/kg、全磷含量平均为 0.59g/kg。

作物种类：马铃薯。

总施氮量：8.00（以 N 计，kg/亩）（含有机肥氮和化肥氮）。

总施磷量：6.87（以 P_2O_5计，kg/亩）（含有机肥磷和化肥磷）。

（2）注意事项：适合本模式，但未能完全满足以上条件的农田，可对照本模式下的相应参数，通过修正来确定需要测算的农田氮、磷流失系数。

模式7　北方高原山地区-缓坡地-非梯田-顺坡-旱地-园地

模式参数	所属分区		北方高原山地区
	地形		缓坡地
	梯田/非梯田		非梯田
	种植方向		顺坡
	土地利用方式		旱地
	种植模式		园地
流失量（kg/亩）	总氮（TN）	常规施肥区	0.005
		不施肥区	0.002
	硝态氮（NO_3^-－N）	常规施肥区	0.005
		不施肥区	0.002
	铵态氮（NH_4^+－N）	常规施肥区	—
		不施肥区	—
	总磷（TP）	常规施肥区	0.002
		不施肥区	0.000
	可溶性总磷（DTP）	常规施肥区	—
		不施肥区	—
肥料流失系数	总氮（%）		0.326
	总磷（%）		0.104

（1）测算本系数的农田基本信息：

土壤类型：棕壤。

土壤质地：沙壤。

肥力水平：中。

土壤养分：全氮含量平均为0.05g/kg、有机质含量平均为0.74g/kg、全磷含量平均为0.03g/kg。

作物种类：柿树。

总施氮量：12.10（以N计，kg/亩）（含有机肥氮和化肥氮）。

总施磷量：5.50（以P_2O_5计，kg/亩）（含有机肥磷和化肥磷）。

（2）注意事项：适合本模式，但未能完全满足以上条件的农田，可对照本模式下的相应参数，通过修正来确定需要测算的农田氮、磷流失系数。

模式 8　北方高原山地区-缓坡地-梯田-旱地-大田两熟及以上

模式参数	所属分区		北方高原山地区
	地形		缓坡地
	梯田/非梯田		梯田
	种植方向		—
	土地利用方式		旱地
	种植模式		大田两熟及以上
流失量（kg/亩）	总氮（TN）	常规施肥区	0.274
		不施肥区	0.200
	硝态氮（NO_3^-－N）	常规施肥区	0.087
		不施肥区	0.066
	铵态氮（NH_4^+－N）	常规施肥区	0.114
		不施肥区	0.087
	总磷（TP）	常规施肥区	0.019
		不施肥区	0.015
	可溶性总磷（DTP）	常规施肥区	0.008
		不施肥区	0.011
肥料流失系数	总氮（%）		0.220
	总磷（%）		0.443

（1）测算本系数的农田基本信息：

土壤类型：褐土。

土壤质地：轻壤。

肥力水平：中。

作物种类：小麦、玉米。

总施氮量：33.50（以N计，kg/亩）（含有机肥氮和化肥氮）。

总施磷量：3.89（以 P_2O_5 计，kg/亩）（含有机肥磷和化肥磷）。

（2）注意事项：适合本模式，但未能完全满足以上条件的农田，可对照本模式下的相应参数，通过修正来确定需要测算的农田氮、磷流失系数。

模式 9　北方高原山地区-陡坡地-非梯田-横坡-旱地-园地

<table>
<tr><td rowspan="6">模式参数</td><td colspan="2">所属分区</td><td>北方高原山地区</td></tr>
<tr><td colspan="2">地形</td><td>陡坡地</td></tr>
<tr><td colspan="2">梯田/非梯田</td><td>非梯田</td></tr>
<tr><td colspan="2">种植方向</td><td>横坡</td></tr>
<tr><td colspan="2">土地利用方式</td><td>旱地</td></tr>
<tr><td colspan="2">种植模式</td><td>园地</td></tr>
<tr><td rowspan="10">流失量（kg/亩）</td><td rowspan="2">总氮（TN）</td><td>常规施肥区</td><td>0.010</td></tr>
<tr><td>不施肥区</td><td>0.006</td></tr>
<tr><td rowspan="2">硝态氮（NO_3^-－N）</td><td>常规施肥区</td><td>—</td></tr>
<tr><td>不施肥区</td><td>—</td></tr>
<tr><td rowspan="2">铵态氮（NH_4^+－N）</td><td>常规施肥区</td><td>—</td></tr>
<tr><td>不施肥区</td><td>—</td></tr>
<tr><td rowspan="2">总磷（TP）</td><td>常规施肥区</td><td>0.002</td></tr>
<tr><td>不施肥区</td><td>0.001</td></tr>
<tr><td rowspan="2">可溶性总磷（DTP）</td><td>常规施肥区</td><td>—</td></tr>
<tr><td>不施肥区</td><td>—</td></tr>
<tr><td rowspan="2">肥料流失系数</td><td colspan="2">总氮（%）</td><td>0.044</td></tr>
<tr><td colspan="2">总磷（%）</td><td>0.003</td></tr>
</table>

（1）备注：参考重点监测点及北方高原山地区-陡坡地-非梯田-横坡-旱地-大田一熟模式的参数。

（2）注意事项：适合本模式，但未能完全满足以上条件的农田，可对照本模式下的相应参数，通过修正来确定需要测算的农田氮、磷流失系数。

模式 10　北方高原山地区-陡坡地-非梯田-顺坡-旱地-园地

模式参数	所属分区		北方高原山地区
	地形		陡坡地
	梯田/非梯田		非梯田
	种植方向		顺坡
	土地利用方式		旱地
	种植模式		园地
流失量（kg/亩）	总氮（TN）	常规施肥区	0.124
		不施肥区	0.008
	硝态氮（NO_3^-－N）	常规施肥区	—
		不施肥区	—
	铵态氮（NH_4^+－N）	常规施肥区	—
		不施肥区	—
	总磷（TP）	常规施肥区	0.005
		不施肥区	0.001
	可溶性总磷（DTP）	常规施肥区	—
		不施肥区	—
肥料流失系数	总氮（%）		0.140
	总磷（%）		0.352

（1）备注：参考重点监测点及北方高原山地区-陡坡地-非梯田-顺坡-旱地-大田一熟模式的参数。

（2）注意事项：适合本模式，但未能完全满足以上条件的农田，可对照本模式下的相应参数，通过修正来确定需要测算的农田氮、磷流失系数。

模式 11　北方高原山地区-陡坡地-梯田-旱地-园地

模式参数	所属分区		北方高原山地区
	地形		陡坡地
	梯田/非梯田		梯田
	种植方向		—
	土地利用方式		旱地
	种植模式		园地
流失量(kg/亩)	总氮（TN）	常规施肥区	0.066
		不施肥区	0.024
	硝态氮（NO_3^-－N）	常规施肥区	—
		不施肥区	—
	铵态氮（NH_4^+－N）	常规施肥区	—
		不施肥区	—
	总磷（TP）	常规施肥区	0.001 2
		不施肥区	0.000 8
	可溶性总磷（DTP）	常规施肥区	—
		不施肥区	—
肥料流失系数	总氮（%）		0.220
	总磷（%）		0.016

（1）备注：参考重点监测点及北方高原山地区-陡坡地-非梯田-横坡-旱地-园地模式的参数。

（2）注意事项：适合本模式，但未能完全满足以上条件的农田，可对照本模式下的相应参数，通过修正来确定需要测算的农田氮、磷流失系数。

模式 12　北方高原山地区-陡坡地-梯田-旱地-大田一熟

模式参数	所属分区		北方高原山地区
	地形		陡坡地
	梯田/非梯田		梯田
	种植方向		—
	土地利用方式		旱地
	种植模式		大田一熟
流失量（kg/亩）	总氮（TN）	常规施肥区	0.008
		不施肥区	0.005
	硝态氮（NO_3^-－N）	常规施肥区	—
		不施肥区	—
	铵态氮（NH_4^+－N）	常规施肥区	—
		不施肥区	—
	总磷（TP）	常规施肥区	0.003
		不施肥区	0.001
	可溶性总磷（DTP）	常规施肥区	—
		不施肥区	—
肥料流失系数	总氮（%）		0.105
	总磷（%）		0.264

（1）备注：参考重点监测点及北方高原山地区-陡坡地-非梯田-顺坡-旱地-大田一熟模式的参数。

（2）注意事项：适合本模式，但未能完全满足以上条件的农田，可对照本模式下的相应参数，通过修正来确定需要测算的农田氮、磷流失系数。

模式 13 北方高原山地区-缓坡地-非梯田-横坡-旱地-大田两熟及以上

模式参数	所属分区		北方高原山地区
	地形		缓坡地
	梯田/非梯田		非梯田
	种植方向		横坡
	土地利用方式		旱地
	种植模式		大田两熟及以上
流失量（kg/亩）	总氮（TN）	常规施肥区	0.211
		不施肥区	0.148
	硝态氮（NO_3^- - N）	常规施肥区	—
		不施肥区	—
	铵态氮（NH_4^+ - N）	常规施肥区	—
		不施肥区	—
	总磷（TP）	常规施肥区	0.012
		不施肥区	0.008
	可溶性总磷（DTP）	常规施肥区	—
		不施肥区	—
肥料流失系数	总氮（%）		0.655
	总磷（%）		0.326

（1）备注：参考重点监测点及北方高原山地区-缓坡地-非梯田-横坡-旱地-大田一熟模式的参数。

（2）注意事项：适合本模式，但未能完全满足以上条件的农田，可对照本模式下的相应参数，通过修正来确定需要测算的农田氮、磷流失系数。

模式 14　北方高原山地区-缓坡地-非梯田-顺坡-旱地-大田两熟及以上

模式参数	所属分区		北方高原山地区
	地形		缓坡地
	梯田/非梯田		非梯田
	种植方向		顺坡
	土地利用方式		旱地
	种植模式		大田两熟及以上
流失量（kg/亩）	总氮（TN）	常规施肥区	0.283
		不施肥区	0.216
	硝态氮（$NO_3^- - N$）	常规施肥区	—
		不施肥区	—
	铵态氮（$NH_4^+ - N$）	常规施肥区	—
		不施肥区	—
	总磷（TP）	常规施肥区	0.050
		不施肥区	0.036
	可溶性总磷（DTP）	常规施肥区	—
		不施肥区	—
肥料流失系数	总氮（%）		0.679
	总磷（%）		0.564

（1）备注：参考重点监测点及北方高原山地区-缓坡地-非梯田-顺坡-旱地-大田一熟模式的参数。

（2）注意事项：适合本模式，但未能完全满足以上条件的农田，可对照本模式下的相应参数，通过修正来确定需要测算的农田氮、磷流失系数。

模式 15　北方高原山地区-缓坡地-梯田-旱地-园地

模式参数	所属分区		北方高原山地区
	地形		缓坡地
	梯田/非梯田		梯田
	种植方向		—
	土地利用方式		旱地
	种植模式		园地
流失量（kg/亩）	总氮（TN）	常规施肥区	0.082
		不施肥区	0.030
	硝态氮（NO_3^-－N）	常规施肥区	—
		不施肥区	—
	铵态氮（NH_4^+－N）	常规施肥区	—
		不施肥区	—
	总磷（TP）	常规施肥区	0.002
		不施肥区	0.001
	可溶性总磷（DTP）	常规施肥区	—
		不施肥区	—
肥料流失系数	总氮（%）		0.275
	总磷（%）		0.021

（1）备注：参考重点监测点及北方高原山地区-缓坡地-非梯田-横坡-旱地-园地模式的参数。

（2）注意事项：适合本模式，但未能完全满足以上条件的农田，可对照本模式下的相应参数，通过修正来确定需要测算的农田氮、磷流失系数。

模式 16　东北半湿润平原区-平地-水田-单季稻

模式参数	所属分区		东北半湿润平原区
	地形		平地
	梯田/非梯田		—
	种植方向		—
	土地利用方式		水田
	种植模式		单季稻
流失量（kg/亩）	总氮（TN）	常规施肥区	0.257
		不施肥区	0.215
	硝态氮（NO_3^-－N）	常规施肥区	0.065
		不施肥区	0.050
	铵态氮（NH_4^+－N）	常规施肥区	0.116
		不施肥区	0.107
	总磷（TP）	常规施肥区	0.012
		不施肥区	0.009
	可溶性总磷（DTP）	常规施肥区	0.007
		不施肥区	0.006
肥料流失系数	总氮（%）		0.397
	总磷（%）		0.100

（1）测算本系数的农田基本信息：

土壤类型：水稻土、黑土。

土壤质地：中壤、黏土。

肥力水平：中。

土壤养分：全氮含量平均为 1.46g/kg、硝态氮含量平均为 3.67mg/kg、有机质含量平均为 29.09g/kg、全磷含量平均为 0.60g/kg。

作物种类：水稻。

总施氮量：11.45（以 N 计，kg/亩）（含有机肥氮和化肥氮）。

总施磷量：4.35（以 P_2O_5 计，kg/亩）（含有机肥磷和化肥磷）。

（2）注意事项：适合本模式，但未能完全满足以上条件的农田，可对照本模式下的相应参数，通过修正来确定需要测算的农田氮、磷流失系数。

模式 17　东北半湿润平原区-平地-旱地-春玉米

模式参数	所属分区		东北半湿润平原区
	地形		平地
	梯田/非梯田		—
	种植方向		—
	土地利用方式		旱地
	种植模式		春玉米
流失量（kg/亩）	总氮（TN）	常规施肥区	0.188
		不施肥区	0.158
	硝态氮（NO_3^- - N）	常规施肥区	—
		不施肥区	—
	铵态氮（NH_4^+ - N）	常规施肥区	—
		不施肥区	—
	总磷（TP）	常规施肥区	0.006
		不施肥区	0.005
	可溶性总磷（DTP）	常规施肥区	—
		不施肥区	—
肥料流失系数	总氮（%）		0.198
	总磷（%）		0.075

（1）测算本系数的农田基本信息：

土壤类型：黑土。

土壤质地：黏土。

肥力水平：中。

土壤养分：全氮含量平均为 1.21g/kg、硝态氮含量平均为 1.12mg/kg、有机质含量平均为 25.56g/kg、全磷含量平均为 0.56g/kg。

作物种类：玉米。

总施氮量：13.07（以 N 计，kg/亩）（含有机肥氮和化肥氮）。

总施磷量：5.88（以 P_2O_5计，kg/亩）（含有机肥磷和化肥磷）。

（2）备注：参考重点监测点及东北半湿润平原区-平地-水田-单季稻模式的参数。

（3）注意事项：适合本模式，但未能完全满足以上条件的农田，可对照本模式下的相应参数，通过修正来确定需要测算的农田氮、磷流失系数。

模式 18　东北半湿润平原区-平地-旱地-大田一熟

模式参数	所属分区		东北半湿润平原区
	地形		平地
	梯田/非梯田		—
	种植方向		—
	土地利用方式		旱地
	种植模式		大田一熟
流失量（kg/亩）	总氮（TN）	常规施肥区	0.021
		不施肥区	0.008
	硝态氮（NO_3^-－N）	常规施肥区	—
		不施肥区	—
	铵态氮（NH_4^+－N）	常规施肥区	—
		不施肥区	—
	总磷（TP）	常规施肥区	0.005
		不施肥区	0.000
	可溶性总磷（DTP）	常规施肥区	—
		不施肥区	—
肥料流失系数	总氮（%）		0.180
	总磷（%）		0.132

（1）备注：参考重点监测点及北方高原山地区-缓坡地-梯田-旱地-大田一熟模式的参数。

（2）注意事项：适合本模式，但未能完全满足以上条件的农田，可对照本模式下的相应参数，通过修正来确定需要测算的农田氮、磷流失系数。

模式 19　东北半湿润平原区-平地-旱地-露地蔬菜

模式参数	所属分区		东北半湿润平原区
	地形		平地
	梯田/非梯田		—
	种植方向		—
	土地利用方式		旱地
	种植模式		露地蔬菜
流失量（kg/亩）	总氮（TN）	常规施肥区	0.488
		不施肥区	0.303
	硝态氮（$NO_3^- - N$）	常规施肥区	—
		不施肥区	—
	铵态氮（$NH_4^+ - N$）	常规施肥区	—
		不施肥区	—
	总磷（TP）	常规施肥区	0.024
		不施肥区	0.019
	可溶性总磷（DTP）	常规施肥区	—
		不施肥区	—
肥料流失系数	总氮（%）		0.596
	总磷（%）		0.340

（1）备注：参考重点监测点及南方湿润平原区-平地-旱地-露地蔬菜模式的参数。

（2）注意事项：适合本模式，但未能完全满足以上条件的农田，可对照本模式下的相应参数，通过修正来确定需要测算的农田氮、磷流失系数。

模式 20　东北半湿润平原区-平地-旱地-园地

模式参数	所属分区		东北半湿润平原区
	地形		平地
	梯田/非梯田		—
	种植方向		—
	土地利用方式		旱地
	种植模式		园地
流失量（kg/亩）	总氮（TN）	常规施肥区	0.098
		不施肥区	0.035
	硝态氮（$NO_3^- - N$）	常规施肥区	—
		不施肥区	—
	铵态氮（$NH_4^+ - N$）	常规施肥区	—
		不施肥区	—
	总磷（TP）	常规施肥区	0.002
		不施肥区	0.001
	可溶性总磷（DTP）	常规施肥区	—
		不施肥区	—
肥料流失系数	总氮（%）		0.330
	总磷（%）		0.025

（1）备注：参考重点监测点及北方高原山地区-缓坡地-非梯田-横坡-旱地-园地模式的参数。

（2）注意事项：适合本模式，但未能完全满足以上条件的农田，可对照本模式下的相应参数，通过修正来确定需要测算的农田氮、磷流失系数。

模式 21 黄淮海半湿润平原区-平地-旱地-露地蔬菜

模式参数	所属分区		黄淮海半湿润平原区
	地形		平地
	梯田/非梯田		—
	种植方向		—
	土地利用方式		旱地
	种植模式		露地蔬菜
流失量（kg/亩）	总氮（TN）	常规施肥区	0.659
		不施肥区	0.532
	硝态氮（$NO_3^- - N$）	常规施肥区	0.027
		不施肥区	0.016
	铵态氮（$NH_4^+ - N$）	常规施肥区	0.004
		不施肥区	0.004
	总磷（TP）	常规施肥区	0.043
		不施肥区	0.016
	可溶性总磷（DTP）	常规施肥区	0.001
		不施肥区	—
肥料流失系数	总氮（%）		0.668
	总磷（%）		0.443

（1）测算本系数的农田基本信息：

土壤类型：褐土、潮土。

土壤质地：中壤。

肥力水平：中。

土壤养分：全氮含量平均为 0.71g/kg、有机质含量平均为 13.70g/kg、全磷含量平均为 0.36g/kg。

作物种类：大葱、瓜果类蔬菜。

总施氮量：19.00（以 N 计，kg/亩）（含有机肥氮和化肥氮）。

总施磷量：13.97（以 P_2O_5 计，kg/亩）（含有机肥磷和化肥磷）。

（2）备注：监测参数偏低，参考南方湿润平原区-平地-旱地-大田两熟及以上模式及南方湿润平原区-平地-旱地-露地蔬菜模式参数。

（3）注意事项：适合本模式，但未能完全满足以上条件的农田，可对照本模式下的相应参数，通过修正来确定需要测算的农田氮、磷流失系数。

模式 22　黄淮海半湿润平原区-平地-水田-单季稻

模式参数	所属分区		黄淮海半湿润平原区
	地形		平地
	梯田/非梯田		—
	种植方向		—
	土地利用方式		水田
	种植模式		单季稻
流失量（kg/亩）	总氮（TN）	常规施肥区	0.598
		不施肥区	0.318
	硝态氮（NO_3^-－N）	常规施肥区	0.127
		不施肥区	0.081
	铵态氮（NH_4^+－N）	常规施肥区	0.430
		不施肥区	0.179
	总磷（TP）	常规施肥区	0.034
		不施肥区	0.014
	可溶性总磷（DTP）	常规施肥区	0.028
		不施肥区	0.008
肥料流失系数	总氮（%）		1.555
	总磷（%）		0.275

（1）测算本系数的农田基本信息：

土壤类型：潮土。

土壤质地：重壤。

肥力水平：中。

土壤养分：全氮含量平均为 0.95g/kg、硝态氮含量平均为 1.00mg/kg、有机质含量平均为 15.38g/kg、全磷含量平均为 0.64g/kg。

作物种类：水稻。

总施氮量：16.85（以 N 计，kg/亩）（含有机肥氮和化肥氮）。

总施磷量：7.79（以 P_2O_5计，kg/亩）（含有机肥磷和化肥磷）。

（2）注意事项：适合本模式，但未能完全满足以上条件的农田，可对照本模式下的相应参数，通过修正来确定需要测算的农田氮、磷流失系数。

模式 23　黄淮海半湿润平原区-平地-旱地-大田一熟

模式参数	所属分区		黄淮海半湿润平原区
	地形		平地
	梯田/非梯田		—
	种植方向		—
	土地利用方式		旱地
	种植模式		大田一熟
流失量（kg/亩）	总氮（TN）	常规施肥区	0.221
		不施肥区	0.108
	硝态氮（NO_3^-－N）	常规施肥区	0.116
		不施肥区	0.057
	铵态氮（NH_4^+－N）	常规施肥区	0.037
		不施肥区	0.041
	总磷（TP）	常规施肥区	0.041
		不施肥区	0.023
	可溶性总磷（DTP）	常规施肥区	0.000
		不施肥区	0.000
肥料流失系数	总氮（%）		0.563
	总磷（%）		0.350

（1）测算本系数的农田基本信息：

土壤类型：潮土。

土壤质地：中壤。

肥力水平：中。

土壤养分：全氮含量平均为 0.87g/kg、有机质含量平均为 15.94g/kg、全磷含量平均为 0.72g/kg。

作物种类：小麦。

总施氮量：20.00（以 N 计，kg/亩）（含有机肥氮和化肥氮）。

总施磷量：11.91（以 P_2O_5 计，kg/亩）（含有机肥磷和化肥磷）。

（2）注意事项：适合本模式，但未能完全满足以上条件的农田，可对照本模式下的相应参数，通过修正来确定需要测算的农田氮、磷流失系数。

模式 24　黄淮海半湿润平原区-平地-旱地-园地

模式参数	所属分区		黄淮海半湿润平原区
	地形		平地
	梯田/非梯田		—
	种植方向		—
	土地利用方式		旱地
	种植模式		园地
流失量（kg/亩）	总氮（TN）	常规施肥区	0.392
		不施肥区	0.380
	硝态氮（NO_3^- -N）	常规施肥区	—
		不施肥区	—
	铵态氮（NH_4^+ -N）	常规施肥区	—
		不施肥区	—
	总磷（TP）	常规施肥区	0.075
		不施肥区	0.056
	可溶性总磷（DTP）	常规施肥区	—
		不施肥区	—
肥料流失系数	总氮（%）		0.598
	总磷（%）		0.360

（1）备注：参考重点监测点及南方湿润平原区-平地-旱地-园地模式的参数。

（2）注意事项：适合本模式，但未能完全满足以上条件的农田，可对照本模式下的相应参数，通过修正来确定需要测算的农田氮、磷流失系数。

模式 25 黄淮海半湿润平原区-平地-旱地-大田两熟及以上

模式参数	所属分区		黄淮海半湿润平原区
	地形		平地
	梯田/非梯田		—
	种植方向		—
	土地利用方式		旱地
	种植模式		大田两熟及以上
流失量（kg/亩）	总氮（TN）	常规施肥区	0.421
		不施肥区	0.302
	硝态氮（NO_3^-－N）	常规施肥区	—
		不施肥区	—
	铵态氮（NH_4^+－N）	常规施肥区	—
		不施肥区	—
	总磷（TP）	常规施肥区	0.069
		不施肥区	0.054
	可溶性总磷（DTP）	常规施肥区	—
		不施肥区	—
肥料流失系数	总氮（%）		0.950
	总磷（%）		0.375

（1）备注：参考重点监测点及南方湿润平原区-平地-旱地-大田两熟及以上模式的参数。

（2）注意事项：适合本模式，但未能完全满足以上条件的农田，可对照本模式下的相应参数，通过修正来确定需要测算的农田氮、磷流失系数。

模式 26　南方山地丘陵区-缓坡地-非梯田-顺坡-旱地-大田两熟及以上

模式参数	所属分区		南方山地丘陵区
	地形		缓坡地
	梯田/非梯田		非梯田
	种植方向		顺坡
	土地利用方式		旱地
	种植模式		大田两熟及以上
流失量（kg/亩）	总氮（TN）	常规施肥区	0.787
		不施肥区	0.418
	硝态氮（NO_3^-－N）	常规施肥区	0.456
		不施肥区	0.281
	铵态氮（NH_4^+－N）	常规施肥区	0.104
		不施肥区	0.029
	总磷（TP）	常规施肥区	0.024
		不施肥区	0.017
	可溶性总磷（DTP）	常规施肥区	0.006
		不施肥区	0.005
肥料流失系数	总氮（%）		1.241
	总磷（%）		0.255

（1）测算本系数的农田基本信息：

土壤类型：紫色土、赤红壤、红壤、黄棕壤、黄壤。

土壤质地：沙壤、中壤、轻壤、黏土、重壤。

肥力水平：中、低。

土壤养分：全氮含量平均为 0.93g/kg、硝态氮含量平均为 7.73mg/kg、有机质含量平均为 15.93g/kg、全磷含量平均为 0.58g/kg。

作物种类：小麦、甘薯、大麦、根茎叶类蔬菜、马铃薯、籽用油菜、玉米、辣椒、花生、烟草。

总施氮量：30.95（以 N 计，kg/亩）（含有机肥氮和化肥氮）。

总施磷量：12.72（以 P_2O_5 计，kg/亩）（含有机肥磷和化肥磷）。

（2）注意事项：适合本模式，但未能完全满足以上条件的农田，可对照本模式下的相应参数，通过修正来确定需要测算的农田氮、磷流失系数。

模式 27　南方山地丘陵区-缓坡地-非梯田-顺坡-旱地-大田一熟

模式参数	所属分区		南方山地丘陵区
	地形		缓坡地
	梯田/非梯田		非梯田
	种植方向		顺坡
	土地利用方式		旱地
	种植模式		大田一熟
流失量（kg/亩）	总氮（TN）	常规施肥区	0.322
		不施肥区	0.285
	硝态氮（NO_3^-－N）	常规施肥区	0.087
		不施肥区	0.084
	铵态氮（NH_4^+－N）	常规施肥区	0.044
		不施肥区	0.044
	总磷（TP）	常规施肥区	0.075
		不施肥区	0.062
	可溶性总磷（DTP）	常规施肥区	0.014
		不施肥区	0.011
肥料流失系数	总氮（%）		0.467
	总磷（%）		0.644

（1）测算本系数的农田基本信息：

土壤类型：紫色土、赤红壤、红壤、黄棕壤、黄壤。

土壤质地：沙壤、中壤、黏土。

肥力水平：中、低、高。

土壤养分：全氮含量平均为 1.09g/kg、硝态氮含量平均为 5.87mg/kg、有机质含量平均为 19.03g/kg、全磷含量平均为 0.50g/kg。

作物种类：小麦、甘薯、木薯、玉米、烟草。

总施氮量：8.41（以 N 计，kg/亩）（含有机肥氮和化肥氮）。

总施磷量：4.91（以 P_2O_5计，kg/亩）（含有机肥磷和化肥磷）。

（2）注意事项：适合本模式，但未能完全满足以上条件的农田，可对照本模式下的相应参数，通过修正来确定需要测算的农田氮、磷流失系数。

模式 28　南方山地丘陵区-陡坡地-非梯田-横坡-旱地-园地

模式参数	所属分区		南方山地丘陵区
	地形		陡坡地
	梯田/非梯田		非梯田
	种植方向		横坡
	土地利用方式		旱地
	种植模式		园地
流失量（kg/亩）	总氮（TN）	常规施肥区	0.339
		不施肥区	0.278
	硝态氮（NO_3^-－N）	常规施肥区	0.028
		不施肥区	0.017
	铵态氮（NH_4^+－N）	常规施肥区	0.025
		不施肥区	0.019
	总磷（TP）	常规施肥区	0.025
		不施肥区	0.014
	可溶性总磷（DTP）	常规施肥区	0.013
		不施肥区	0.007
肥料流失系数	总氮（%）		0.346
	总磷（%）		0.122

（1）测算本系数的农田基本信息：

土壤类型：砖红壤、潮土、红壤。

土壤质地：沙壤、中壤。

肥力水平：中、低。

土壤养分：全氮含量平均为 0.94g/kg、硝态氮含量平均为 2.01mg/kg、有机质含量平均为16.28g/kg、全磷含量平均为 0.46g/kg。

作物种类：茶、落叶果树、荔枝等常绿果树。

总施氮量：18.55（以 N 计，kg/亩）（含有机肥氮和化肥氮）。

总施磷量：11.60（以 P_2O_5计，kg/亩）（含有机肥磷和化肥磷）。

（2）注意事项：适合本模式，但未能完全满足以上条件的农田，可对照本模式下的相应参数，通过修正来确定需要测算的农田氮、磷流失系数。

模式 29　南方山地丘陵区-缓坡地-非梯田-顺坡-旱地-园地

模式参数	所属分区		南方山地丘陵区
	地形		缓坡地
	梯田/非梯田		非梯田
	种植方向		顺坡
	土地利用方式		旱地
	种植模式		园地
流失量（kg/亩）	总氮（TN）	常规施肥区	0.317
		不施肥区	0.246
	硝态氮（NO_3^- - N）	常规施肥区	0.114
		不施肥区	0.094
	铵态氮（NH_4^+ - N）	常规施肥区	0.029
		不施肥区	0.028
	总磷（TP）	常规施肥区	0.033
		不施肥区	0.026
	可溶性总磷（DTP）	常规施肥区	0.006
		不施肥区	0.005
肥料流失系数	总氮（%）		0.271
	总磷（%）		0.085

（1）测算本系数的农田基本信息：

土壤类型：紫色土、赤红壤、黄棕壤、棕壤。

土壤质地：沙壤、中壤、黏土、重壤。

肥力水平：中。

土壤养分：全氮含量平均为 0.76g/kg、硝态氮含量平均为 19.43mg/kg、有机质含量平均为 13.70g/kg、全磷含量平均为 0.73g/kg。

作物种类：茶、枇杷、龙眼、黑莓。

总施氮量：26.40（以 N 计，kg/亩）（含有机肥氮和化肥氮）。

总施磷量：19.37（以 P_2O_5 计，kg/亩）（含有机肥磷和化肥磷）。

（2）注意事项：适合本模式，但未能完全满足以上条件的农田，可对照本模式下的相应参数，通过修正来确定需要测算的农田氮、磷流失系数。

模式 30　南方山地丘陵区-缓坡地-非梯田-横坡-旱地-园地

<table>
<tr><td rowspan="6">模式参数</td><td colspan="2">所属分区</td><td>南方山地丘陵区</td></tr>
<tr><td colspan="2">地形</td><td>缓坡地</td></tr>
<tr><td colspan="2">梯田/非梯田</td><td>非梯田</td></tr>
<tr><td colspan="2">种植方向</td><td>横坡</td></tr>
<tr><td colspan="2">土地利用方式</td><td>旱地</td></tr>
<tr><td colspan="2">种植模式</td><td>园地</td></tr>
<tr><td rowspan="10">流失量（kg/亩）</td><td rowspan="2">总氮（TN）</td><td>常规施肥区</td><td>0.605</td></tr>
<tr><td>不施肥区</td><td>0.463</td></tr>
<tr><td rowspan="2">硝态氮（NO_3^-－N）</td><td>常规施肥区</td><td>0.177</td></tr>
<tr><td>不施肥区</td><td>0.162</td></tr>
<tr><td rowspan="2">铵态氮（NH_4^+－N）</td><td>常规施肥区</td><td>0.064</td></tr>
<tr><td>不施肥区</td><td>0.056</td></tr>
<tr><td rowspan="2">总磷（TP）</td><td>常规施肥区</td><td>0.059</td></tr>
<tr><td>不施肥区</td><td>0.041</td></tr>
<tr><td rowspan="2">可溶性总磷（DTP）</td><td>常规施肥区</td><td>0.024</td></tr>
<tr><td>不施肥区</td><td>0.022</td></tr>
<tr><td rowspan="2">肥料流失系数</td><td colspan="2">总氮（%）</td><td>0.536</td></tr>
<tr><td colspan="2">总磷（%）</td><td>0.120</td></tr>
</table>

（1）测算本系数的农田基本信息：

土壤类型：红壤、黄棕壤。

土壤质地：沙壤、轻壤、重壤。

肥力水平：中、低、高。

土壤养分：全氮含量平均为 0.76g/kg、硝态氮含量平均为 0.01mg/kg、有机质含量平均为 12.81g/kg、全磷含量平均为 0.70g/kg。

作物种类：茶、常绿果树、蚕桑。

总施氮量：25.50（以 N 计，kg/亩）（含有机肥氮和化肥氮）。

总施磷量：9.77（以 P_2O_5计，kg/亩）（含有机肥磷和化肥磷）。

（2）注意事项：适合本模式，但未能完全满足以上条件的农田，可对照本模式下的相应参数，通过修正来确定需要测算的农田氮、磷流失系数。

模式 31　南方山地丘陵区-缓坡地-梯田-水田-稻油轮作

模式参数	所属分区		南方山地丘陵区
	地形		缓坡地
	梯田/非梯田		梯田
	种植方向		—
	土地利用方式		水田
	种植模式		稻油轮作
流失量（kg/亩）	总氮（TN）	常规施肥区	1.162
		不施肥区	1.000
	硝态氮（NO_3^-－N）	常规施肥区	0.770
		不施肥区	0.675
	铵态氮（NH_4^+－N）	常规施肥区	0.069
		不施肥区	0.063
	总磷（TP）	常规施肥区	0.031
		不施肥区	0.022
	可溶性总磷（DTP）	常规施肥区	0.014
		不施肥区	0.007
肥料流失系数	总氮（%）		0.577
	总磷（%）		0.671

（1）测算本系数的农田基本信息：

土壤类型：紫色土、水稻土、黄壤。

土壤质地：中壤、轻壤、黏土、重壤。

肥力水平：中。

作物种类：水稻、籽用油菜。

总施氮量：27.38（以 N 计，kg/亩）（含有机肥氮和化肥氮）。

总施磷量：8.29（以 P_2O_5 计，kg/亩）（含有机肥磷和化肥磷）。

（2）注意事项：适合本模式，但未能完全满足以上条件的农田，可对照本模式下的相应参数，通过修正来确定需要测算的农田氮、磷流失系数。

模式 32 南方山地丘陵区-缓坡地-梯田-水田-双季稻

模式参数	所属分区		南方山地丘陵区
	地形		缓坡地
	梯田/非梯田		梯田
	种植方向		—
	土地利用方式		水田
	种植模式		双季稻
流失量（kg/亩）	总氮（TN）	常规施肥区	1.182
		不施肥区	0.776
	硝态氮（NO_3^- -N）	常规施肥区	0.265
		不施肥区	0.225
	铵态氮（NH_4^+ -N）	常规施肥区	0.386
		不施肥区	0.089
	总磷（TP）	常规施肥区	0.067
		不施肥区	0.042
	可溶性总磷（DTP）	常规施肥区	0.031
		不施肥区	0.015
肥料流失系数	总氮（%）		1.848
	总磷（%）		1.547

（1）测算本系数的农田基本信息：

土壤类型：水稻土。

土壤质地：中壤、重壤。

肥力水平：中、高。

作物种类：水稻。

总施氮量：18.74（以N计，kg/亩）（含有机肥氮和化肥氮）。

总施磷量：6.78（以P_2O_5计，kg/亩）（含有机肥磷和化肥磷）。

（2）注意事项：适合本模式，但未能完全满足以上条件的农田，可对照本模式下的相应参数，通过修正来确定需要测算的农田氮、磷流失系数。

模式 33　南方山地丘陵区-陡坡地-梯田-旱地-园地

模式参数	所属分区		南方山地丘陵区
	地形		陡坡地
	梯田/非梯田		梯田
	种植方向		—
	土地利用方式		旱地
	种植模式		园地
流失量（kg/亩）	总氮（TN）	常规施肥区	0.311
		不施肥区	0.202
	硝态氮（$NO_3^- - N$）	常规施肥区	0.126
		不施肥区	0.070
	铵态氮（$NH_4^+ - N$）	常规施肥区	0.037
		不施肥区	0.040
	总磷（TP）	常规施肥区	0.059
		不施肥区	0.041
	可溶性总磷（DTP）	常规施肥区	0.027
		不施肥区	0.023
肥料流失系数	总氮（%）		0.676
	总磷（%）		0.289

（1）测算本系数的农田基本信息：

土壤类型：红壤、黄棕壤。

土壤质地：沙壤、中壤。

肥力水平：中、低。

土壤养分：全氮含量平均为 1.13g/kg、硝态氮含量平均为 0.17mg/kg、有机质含量平均为 19.12g/kg、全磷含量平均为 0.56g/kg。

作物种类：茶、常绿果树。

总施氮量：16.00（以 N 计，kg/亩）（含有机肥氮和化肥氮）。

总施磷量：11.53（以 P_2O_5计，kg/亩）（含有机肥磷和化肥磷）。

（2）注意事项：适合本模式，但未能完全满足以上条件的农田，可对照本模式下的相应参数，通过修正来确定需要测算的农田氮、磷流失系数。

模式 34　南方山地丘陵区-缓坡地-非梯田-横坡-旱地-大田一熟

模式参数	所属分区		南方山地丘陵区
	地形		缓坡地
	梯田/非梯田		非梯田
	种植方向		横坡
	土地利用方式		旱地
	种植模式		大田一熟
流失量（kg/亩）	总氮（TN）	常规施肥区	0.196
		不施肥区	0.137
	硝态氮（$NO_3^- - N$）	常规施肥区	0.080
		不施肥区	0.040
	铵态氮（$NH_4^+ - N$）	常规施肥区	0.046
		不施肥区	0.035
	总磷（TP）	常规施肥区	0.008
		不施肥区	0.006
	可溶性总磷（DTP）	常规施肥区	0.005
		不施肥区	0.003
肥料流失系数	总氮（%）		0.502
	总磷（%）		0.111

（1）测算本系数的农田基本信息：

土壤类型：紫色土、棕壤、石灰土。

土壤质地：沙壤、中壤。

肥力水平：中、低。

土壤养分：全氮含量平均为 1.00g/kg、硝态氮含量平均为 4.04mg/kg、有机质含量平均为 15.50g/kg、全磷含量平均为 0.67g/kg。

作物种类：小麦、药材、玉米。

总施氮量：11.00（以 N 计，kg/亩）（含有机肥氮和化肥氮）。

总施磷量：9.08（以 P_2O_5 计，kg/亩）（含有机肥磷和化肥磷）。

（2）注意事项：适合本模式，但未能完全满足以上条件的农田，可对照本模式下的相应参数，通过修正来确定需要测算的农田氮、磷流失系数。

模式 35　南方山地丘陵区-陡坡地-非梯田-顺坡-旱地-大田一熟

模式参数	所属分区		南方山地丘陵区
	地形		陡坡地
	梯田/非梯田		非梯田
	种植方向		顺坡
	土地利用方式		旱地
	种植模式		大田一熟
流失量（kg/亩）	总氮（TN）	常规施肥区	0.360
		不施肥区	0.263
	硝态氮（NO_3^-－N）	常规施肥区	0.173
		不施肥区	0.131
	铵态氮（NH_4^+－N）	常规施肥区	0.080
		不施肥区	0.064
	总磷（TP）	常规施肥区	0.032
		不施肥区	0.021
	可溶性总磷（DTP）	常规施肥区	0.013
		不施肥区	0.009
肥料流失系数	总氮（%）		0.705
	总磷（%）		0.345

（1）测算本系数的农田基本信息：

土壤类型：紫色土、红壤、黄棕壤。

土壤质地：沙土、中壤。

肥力水平：中、低。

土壤养分：全氮含量平均为 0.52g/kg、硝态氮含量平均为 3.74mg/kg、有机质含量平均为 9.77g/kg、全磷含量平均为 0.40g/kg。

作物种类：小麦、花生、雪莲果。

总施氮量：13.20（以 N 计，kg/亩）（含有机肥氮和化肥氮）。

总施磷量：11.91（以 P_2O_5计，kg/亩）（含有机肥磷和化肥磷）。

（2）注意事项：适合本模式，但未能完全满足以上条件的农田，可对照本模式下的相应参数，通过修正来确定需要测算的农田氮、磷流失系数。

模式 36 南方山地丘陵区-缓坡地-非梯田-横坡-旱地-大田两熟及以上

模式参数	所属分区		南方山地丘陵区
	地形		缓坡地
	梯田/非梯田		非梯田
	种植方向		横坡
	土地利用方式		旱地
	种植模式		大田两熟及以上
流失量（kg/亩）	总氮（TN）	常规施肥区	0.378
		不施肥区	0.256
	硝态氮（$NO_3^- -N$）	常规施肥区	0.277
		不施肥区	0.204
	铵态氮（$NH_4^+ -N$）	常规施肥区	0.021
		不施肥区	0.016
	总磷（TP）	常规施肥区	0.007
		不施肥区	0.003
	可溶性总磷（DTP）	常规施肥区	0.002
		不施肥区	0.001
肥料流失系数	总氮（%）		0.528
	总磷（%）		0.188

（1）测算本系数的农田基本信息：

土壤类型：紫色土、黄棕壤。

土壤质地：中壤、黏土。

肥力水平：中。

土壤养分：全氮含量平均为 0.51g/kg、硝态氮含量平均为 28.06mg/kg、有机质含量平均为 8.01g/kg、全磷含量平均为 0.65g/kg。

作物种类：小麦、玉米。

总施氮量：32.37（以 N 计，kg/亩）（含有机肥氮和化肥氮）。

总施磷量：5.04（以 P_2O_5 计，kg/亩）（含有机肥磷和化肥磷）。

（2）注意事项：适合本模式，但未能完全满足以上条件的农田，可对照本模式下的相应参数，通过修正来确定需要测算的农田氮、磷流失系数。

模式 37　南方山地丘陵区-陡坡地-非梯田-顺坡-旱地-园地

模式参数	所属分区		南方山地丘陵区
	地形		陡坡地
	梯田/非梯田		非梯田
	种植方向		顺坡
	土地利用方式		旱地
	种植模式		园地
流失量（kg/亩）	总氮（TN）	常规施肥区	0.704
		不施肥区	0.600
	硝态氮（NO_3^-－N）	常规施肥区	0.342
		不施肥区	0.242
	铵态氮（NH_4^+－N）	常规施肥区	0.113
		不施肥区	0.082
	总磷（TP）	常规施肥区	0.117
		不施肥区	0.091
	可溶性总磷（DTP）	常规施肥区	0.075
		不施肥区	0.045
肥料流失系数	总氮（%）		0.460
	总磷（%）		0.449

（1）测算本系数的农田基本信息：

土壤类型：红壤、黄壤。

土壤质地：沙壤、中壤。

肥力水平：低。

土壤养分：全氮含量平均为 0.48g/kg、硝态氮含量平均为 1.10mg/kg、有机质含量平均为 7.26g/kg、全磷含量平均为 0.24g kg。

作物种类：贡菊。

总施氮量：22.00（以 N 计，kg/亩）（含有机肥氮和化肥氮）。

总施磷量：16.14（以 P_2O_5 计，kg/亩）（含有机肥磷和化肥磷）。

（2）备注：参考重点监测点及南方山地丘陵区-陡坡地-非梯田-横坡-旱地-园地模式的参数。

（3）注意事项：适合本模式，但未能完全满足以上条件的农田，可对照本模式下的相应参数，通过修正来确定需要测算的农田氮、磷流失系数。

模式 38　南方山地丘陵区-陡坡地-非梯田-顺坡-旱地-大田两熟及以上

模式参数	所属分区		南方山地丘陵区
	地形		陡坡地
	梯田/非梯田		非梯田
	种植方向		顺坡
	土地利用方式		旱地
	种植模式		大田两熟及以上
流失量（kg/亩）	总氮（TN）	常规施肥区	0.137
		不施肥区	0.094
	硝态氮（NO_3^-－N）	常规施肥区	0.033
		不施肥区	0.058
	铵态氮（NH_4^+－N）	常规施肥区	0.033
		不施肥区	0.036
	总磷（TP）	常规施肥区	0.020
		不施肥区	0.012
	可溶性总磷（DTP）	常规施肥区	0.004
		不施肥区	0.004
肥料流失系数	总氮（%）		0.628
	总磷（%）		0.548

（1）测算本系数的农田基本信息：

土壤类型：黄壤。

土壤质地：轻壤。

肥力水平：中。

土壤养分：全氮含量平均为 1.04g/kg、硝态氮含量平均为 21.93mg/kg、有机质含量平均为 17.12g/kg、全磷含量平均为 0.49g/kg。

作物种类：小麦、烟草。

总施氮量：6.90（以 N 计，kg/亩）（含有机肥氮和化肥氮）。

总施磷量：3.66（以 P_2O_5计，kg/亩）（含有机肥磷和化肥磷）。

（2）注意事项：适合本模式，但未能完全满足以上条件的农田，可对照本模式下的相应参数，通过修正来确定需要测算的农田氮、磷流失系数。

模式 39　南方山地丘陵区-缓坡地-梯田-旱地-园地

模式参数	所属分区		南方山地丘陵区
	地形		缓坡地
	梯田/非梯田		梯田
	种植方向		—
	土地利用方式		旱地
	种植模式		园地
流失量（kg/亩）	总氮（TN）	常规施肥区	0.387
		不施肥区	0.316
	硝态氮（NO_3^-－N）	常规施肥区	0.320
		不施肥区	0.264
	铵态氮（NH_4^+－N）	常规施肥区	0.017
		不施肥区	0.011
	总磷（TP）	常规施肥区	0.005
		不施肥区	0.003
	可溶性总磷（DTP）	常规施肥区	0.003
		不施肥区	0.002
肥料流失系数	总氮（%）		0.174
	总磷（%）		0.072

（1）测算本系数的农田基本信息：

土壤类型：潮土。

土壤质地：沙壤。

肥力水平：中。

土壤养分：全氮含量平均为 0.30g/kg、硝态氮含量平均为 18.38mg/kg、有机质含量平均为 17.77g/kg、全磷含量平均为 0.08g/kg。

作物种类：茶叶。

总施氮量：40.80（以 N 计，kg/亩）（含有机肥氮和化肥氮）。

总施磷量：0.00（以 P_2O_5计，kg/亩）（含有机肥磷和化肥磷）。

（2）注意事项：适合本模式，但未能完全满足以上条件的农田，可对照本模式下的相应参数，通过修正来确定需要测算的农田氮、磷流失系数。

模式 40　南方山地丘陵区-缓坡地-梯田-旱地-大田两熟及以上

模式参数	所属分区		南方山地丘陵区
	地形		缓坡地
	梯田/非梯田		梯田
	种植方向		—
	土地利用方式		旱地
	种植模式		大田两熟及以上
流失量（kg/亩）	总氮（TN）	常规施肥区	0.991
		不施肥区	0.698
	硝态氮（NO_3^-－N）	常规施肥区	0.057
		不施肥区	0.055
	铵态氮（NH_4^+－N）	常规施肥区	0.073
		不施肥区	0.067
	总磷（TP）	常规施肥区	0.062
		不施肥区	0.040
	可溶性总磷（DTP）	常规施肥区	0.030
		不施肥区	0.021
肥料流失系数	总氮（%）		1.270
	总磷（%）		0.461

（1）测算本系数的农田基本信息：

土壤类型：水稻土。

土壤质地：中壤。

肥力水平：中。

土壤养分：全氮含量平均为 1.26g/kg、硝态氮含量平均为 1.48mg/kg、有机质含量平均为 12.93g/kg、全磷含量平均为 0.29g/kg。

作物种类：水稻、烟草。

总施氮量：23.00（以 N 计，kg/亩）（含有机肥氮和化肥氮）。

总施磷量：10.76（以 P_2O_5计，kg/亩）（含有机肥磷和化肥磷）。

（2）注意事项：适合本模式，但未能完全满足以上条件的农田，可对照本模式下的相应参数，通过修正来确定需要测算的农田氮、磷流失系数。

模式 41　南方山地丘陵区-缓坡地-梯田-旱地-大田一熟

模式参数	所属分区		南方山地丘陵区
	地形		缓坡地
	梯田/非梯田		梯田
	种植方向		—
	土地利用方式		旱地
	种植模式		大田一熟
流失量（kg/亩）	总氮（TN）	常规施肥区	1.139
		不施肥区	0.873
	硝态氮（NO_3^-－N）	常规施肥区	0.250
		不施肥区	0.208
	铵态氮（NH_4^+－N）	常规施肥区	0.126
		不施肥区	0.124
	总磷（TP）	常规施肥区	0.075
		不施肥区	0.055
	可溶性总磷（DTP）	常规施肥区	0.044
		不施肥区	0.034
肥料流失系数	总氮（%）		1.435
	总磷（%）		0.531

（1）测算本系数的农田基本信息：

土壤类型：红壤。

土壤质地：中壤、轻壤。

肥力水平：中、低。

土壤养分：全氮含量平均为 0.78g/kg、硝态氮含量平均为 2.82mg/kg、有机质含量平均为 16.67g/kg、全磷含量平均为 0.63g/kg。

作物种类：大豆、花生、烟草。

总施氮量：15.15（以 N 计，kg/亩）（含有机肥氮和化肥氮）。

总施磷量：8.02（以 P_2O_5 计，kg/亩）（含有机肥磷和化肥磷）。

（2）注意事项：适合本模式，但未能完全满足以上条件的农田，可对照本模式下的相应参数，通过修正来确定需要测算的农田氮、磷流失系数。

模式 42　南方山地丘陵区-陡坡地-非梯田-横坡-旱地-大田一熟

模式参数	所属分区		南方山地丘陵区
	地形		陡坡地
	梯田/非梯田		非梯田
	种植方向		横坡
	土地利用方式		旱地
	种植模式		大田一熟
流失量（kg/亩）	总氮（TN）	常规施肥区	0.127
		不施肥区	0.122
	硝态氮（NO_3^-－N）	常规施肥区	0.048
		不施肥区	0.045
	铵态氮（NH_4^+－N）	常规施肥区	0.008
		不施肥区	0.010
	总磷（TP）	常规施肥区	0.036
		不施肥区	0.022
	可溶性总磷（DTP）	常规施肥区	0.005
		不施肥区	0.004
肥料流失系数	总氮（%）		0.340
	总磷（%）		0.100

（1）测算本系数的农田基本信息：

土壤类型：黄壤。

土壤质地：重壤。

肥力水平：中。

土壤养分：全氮含量平均为 1.44g/kg、有机质含量平均为 18.21g/kg、全磷含量平均为 0.68g/kg。

作物种类：玉米。

总施氮量：16.60（以 N 计，kg/亩）（含有机肥氮和化肥氮）。

总施磷量：4.58（以 P_2O_5 计，kg/亩）（含有机肥磷和化肥磷）。

（2）注意事项：适合本模式，但未能完全满足以上条件的农田，可对照本模式下的相应参数，通过修正来确定需要测算的农田氮、磷流失系数。

模式 43　南方山地丘陵区-缓坡地-梯田-水田-单季稻

模式参数	所属分区		南方山地丘陵区
	地形		缓坡地
	梯田/非梯田		梯田
	种植方向		—
	土地利用方式		水田
	种植模式		单季稻
流失量（kg/亩）	总氮（TN）	常规施肥区	1.289
		不施肥区	0.642
	硝态氮（NO_3^- - N）	常规施肥区	0.383
		不施肥区	0.418
	铵态氮（NH_4^+ - N）	常规施肥区	0.672
		不施肥区	0.130
	总磷（TP）	常规施肥区	0.030
		不施肥区	0.022
	可溶性总磷（DTP）	常规施肥区	0.010
		不施肥区	0.009
肥料流失系数	总氮（%）		1.125
	总磷（%）		0.641

（1）测算本系数的农田基本信息：

土壤类型：水稻土。

土壤质地：中壤。

肥力水平：中。

作物种类：水稻。

总施氮量：57.50（以 N 计，kg/亩）（含有机肥氮和化肥氮）。

总施磷量：2.98（以 P_2O_5 计，kg/亩）（含有机肥磷和化肥磷）。

（2）注意事项：适合本模式，但未能完全满足以上条件的农田，可对照本模式下的相应参数，通过修正来确定需要测算的农田氮、磷流失系数。

模式 44　南方山地丘陵区-陡坡地-非梯田-横坡-旱地-大田两熟及以上

模式参数	所属分区		南方山地丘陵区
	地形		陡坡地
	梯田/非梯田		非梯田
	种植方向		横坡
	土地利用方式		旱地
	种植模式		大田两熟及以上
流失量（kg/亩）	总氮（TN）	常规施肥区	0.247
		不施肥区	0.179
	硝态氮（NO_3^-－N）	常规施肥区	—
		不施肥区	—
	铵态氮（NH_4^+－N）	常规施肥区	—
		不施肥区	—
	总磷（TP）	常规施肥区	0.033
		不施肥区	0.022
	可溶性总磷（DTP）	常规施肥区	—
		不施肥区	—
肥料流失系数	总氮（%）		0.257
	总磷（%）		0.198

（1）备注：参考重点监测点及南方山地丘陵区-陡坡地-非梯田-顺坡-旱地-大田两熟及以上模式的参数。

（2）注意事项：适合本模式，但未能完全满足以上条件的农田，可对照本模式下的相应参数，通过修正来确定需要测算的农田氮、磷流失系数。

模式 45　南方山地丘陵区-陡坡地-梯田-旱地-大田一熟

模式参数	所属分区		南方山地丘陵区
	地形		陡坡地
	梯田/非梯田		梯田
	种植方向		—
	土地利用方式		旱地
	种植模式		大田一熟
流失量 (kg/亩)	总氮（TN）	常规施肥区	0.240
		不施肥区	0.176
	硝态氮（NO_3^-－N）	常规施肥区	—
		不施肥区	—
	铵态氮（NH_4^+－N）	常规施肥区	—
		不施肥区	—
	总磷（TP）	常规施肥区	0.021
		不施肥区	0.014
	可溶性总磷（DTP）	常规施肥区	—
		不施肥区	—
肥料流失系数	总氮（%）		0.470
	总磷（%）		0.230

（1）备注：参考重点监测点及南方山地丘陵区-陡坡地-非梯田-顺坡-旱地-大田一熟模式的参数。

（2）注意事项：适合本模式，但未能完全满足以上条件的农田，可对照本模式下的相应参数，通过修正来确定需要测算的农田氮、磷流失系数。

模式 46　南方山地丘陵区-陡坡地-梯田-旱地-大田两熟及以上

模式参数	所属分区		南方山地丘陵区
	地形		陡坡地
	梯田/非梯田		梯田
	种植方向		—
	土地利用方式		旱地
	种植模式		大田两熟及以上
流失量（kg/亩）	总氮（TN）	常规施肥区	0.107
		不施肥区	0.077
	硝态氮（NO_3^- - N）	常规施肥区	—
		不施肥区	—
	铵态氮（NH_4^+ - N）	常规施肥区	—
		不施肥区	—
	总磷（TP）	常规施肥区	0.014
		不施肥区	0.010
	可溶性总磷（DTP）	常规施肥区	—
		不施肥区	—
肥料流失系数	总氮（%）		0.333
	总磷（%）		0.257

（1）备注：参考重点监测点及南方山地丘陵区-陡坡地-非梯田-顺坡-旱地-大田两熟及以上模式的参数。

（2）注意事项：适合本模式，但未能完全满足以上条件的农田，可对照本模式下的相应参数，通过修正来确定需要测算的农田氮、磷流失系数。

模式 47　南方山地丘陵区-陡坡地-梯田-旱地-露地蔬菜

模式参数	所属分区		南方山地丘陵区
	地形		陡坡地
	梯田/非梯田		梯田
	种植方向		—
	土地利用方式		旱地
	种植模式		露地蔬菜
流失量（kg/亩）	总氮（TN）	常规施肥区	1.450
		不施肥区	0.900
	硝态氮（$NO_3^- - N$）	常规施肥区	—
		不施肥区	—
	铵态氮（$NH_4^+ - N$）	常规施肥区	—
		不施肥区	—
	总磷（TP）	常规施肥区	0.090
		不施肥区	0.060
	可溶性总磷（DTP）	常规施肥区	—
		不施肥区	—
肥料流失系数	总氮（%）		1.500
	总磷（%）		0.850

（1）备注：参考重点监测点及南方湿润平原区-平地-旱地-露地蔬菜模式的参数。

（2）注意事项：适合本模式，但未能完全满足以上条件的农田，可对照本模式下的相应参数，通过修正来确定需要测算的农田氮、磷流失系数。

模式 48　南方山地丘陵区-陡坡地-梯田-水田-稻油轮作

模式参数	所属分区		南方山地丘陵区
	地形		陡坡地
	梯田/非梯田		梯田
	种植方向		—
	土地利用方式		水田
	种植模式		稻油轮作
流失量（kg/亩）	总氮（TN）	常规施肥区	1.046
		不施肥区	0.900
	硝态氮（NO_3^-－N）	常规施肥区	—
		不施肥区	—
	铵态氮（NH_4^+－N）	常规施肥区	—
		不施肥区	—
	总磷（TP）	常规施肥区	0.028
		不施肥区	0.020
	可溶性总磷（DTP）	常规施肥区	—
		不施肥区	—
肥料流失系数	总氮（%）		0.519
	总磷（%）		0.604

（1）备注：参考重点临测点及南方山地丘陵区-缓坡地-梯田-水田-稻油轮作模式的参数。

（2）注意事项：适合本模式，但未能完全满足以上条件的农田，可对照本模式下的相应参数，通过修正来确定需要测算的农田氮、磷流失系数。

模式 49 南方山地丘陵区-陡坡地-梯田-水田-单季稻

模式参数			
模式参数	所属分区		南方山地丘陵区
	地形		陡坡地
	梯田/非梯田		梯田
	种植方向		—
	土地利用方式		水田
	种植模式		单季稻
流失量（kg/亩）	总氮（TN）	常规施肥区	1.160
		不施肥区	0.700
	硝态氮（$NO_3^- - N$）	常规施肥区	—
		不施肥区	—
	铵态氮（$NH_4^+ - N$）	常规施肥区	—
		不施肥区	—
	总磷（TP）	常规施肥区	0.027
		不施肥区	0.020
	可溶性总磷（DTP）	常规施肥区	—
		不施肥区	—
肥料流失系数	总氮（%）		1.013
	总磷（%）		0.577

（1）备注：参考重点监测点及南方山地丘陵区-缓坡地-梯田-水田-单季稻模式的参数。

（2）注意事项：适合本模式，但未能完全满足以上条件的农田，可对照本模式下的相应参数，通过修正来确定需要测算的农田氮、磷流失系数。

模式 50 南方山地丘陵区-陡坡地-梯田-水田-双季稻

模式参数	所属分区		南方山地丘陵区
	地形		陡坡地
	梯田/非梯田		梯田
	种植方向		—
	土地利用方式		水田
	种植模式		双季稻
流失量（kg/亩）	总氮（TN）	常规施肥区	1.064
		不施肥区	0.699
	硝态氮（NO_3^-－N）	常规施肥区	—
		不施肥区	—
	铵态氮（NH_4^+－N）	常规施肥区	—
		不施肥区	—
	总磷（TP）	常规施肥区	0.060
		不施肥区	0.038
	可溶性总磷（DTP）	常规施肥区	—
		不施肥区	—
肥料流失系数	总氮（%）		1.663
	总磷（%）		1.392

（1）备注：参考重点监测点及南方山地丘陵区-缓坡地-梯田-水田-双季稻模式的参数。

（2）注意事项：适合本模式，但未能完全满足以上条件的农田，可对照本模式下的相应参数，通过修正来确定需要测算的农田氮、磷流失系数。

模式 51　南方山地丘陵区-陡坡地-梯田-水田-其他

模式参数	所属分区		南方山地丘陵区
	地形		陡坡地
	梯田/非梯田		梯田
	种植方向		—
	土地利用方式		水田
	种植模式		其他
流失量（kg/亩）	总氮（TN）	常规施肥区	0.888
		不施肥区	0.536
	硝态氮（$NO_3^- - N$）	常规施肥区	—
		不施肥区	—
	铵态氮（$NH_4^+ - N$）	常规施肥区	—
		不施肥区	—
	总磷（TP）	常规施肥区	0.034
		不施肥区	0.024
	可溶性总磷（DTP）	常规施肥区	—
		不施肥区	—
肥料流失系数	总氮（%）		1.441
	总磷（%）		0.270

（1）备注：参考重点临测点及南方湿润平原区-平地-水田-其他模式的参数。

（2）注意事项：适合本模式，但未能完全满足以上条件的农田，可对照本模式下的相应参数，通过修正来确定需要测算的农田氮、磷流失系数。

模式 52　南方山地丘陵区-陡坡地-梯田-水田-稻麦轮作

模式参数	所属分区		南方山地丘陵区
	地形		陡坡地
	梯田/非梯田		梯田
	种植方向		—
	土地利用方式		水田
	种植模式		稻麦轮作
流失量（kg/亩）	总氮（TN）	常规施肥区	1.046
		不施肥区	0.900
	硝态氮（NO_3^-－N）	常规施肥区	—
		不施肥区	—
	铵态氮（NH_4^+－N）	常规施肥区	—
		不施肥区	—
	总磷（TP）	常规施肥区	0.028
		不施肥区	0.020
	可溶性总磷（DTP）	常规施肥区	—
		不施肥区	—
肥料流失系数	总氮（%）		0.519
	总磷（%）		0.604

（1）备注：参考重点监测点及南方山地丘陵区-缓坡地-梯田-水田-稻麦轮作模式的参数。

（2）注意事项：适合本模式，但未能完全满足以上条件的农田，可对照本模式下的相应参数，通过修正来确定需要测算的农田氮、磷流失系数。

模式 53 南方山地丘陵区-缓坡地-非梯田-横坡-旱地-露地蔬菜

模式参数	所属分区		南方山地丘陵区
	地形		缓坡地
	梯田/非梯田		非梯田
	种植方向		横坡
	土地利用方式		旱地
	种植模式		露地蔬菜
流失量（kg/亩）	总氮（TN）	常规施肥区	1.500
		不施肥区	0.935
	硝态氮（NO_3^-－N）	常规施肥区	—
		不施肥区	—
	铵态氮（NH_4^+－N）	常规施肥区	—
		不施肥区	—
	总磷（TP）	常规施肥区	0.092
		不施肥区	0.068
	可溶性总磷（DTP）	常规施肥区	—
		不施肥区	—
肥料流失系数	总氮（%）		1.640
	总磷（%）		0.935

（1）备注：参考重点监测点及南方湿润平原区-平地-旱地-露地蔬菜模式的参数。

（2）注意事项：适合本模式，但未能完全满足以上条件的农田，可对照本模式下的相应参数，通过修正来确定需要测算的农田氮、磷流失系数。

模式 54　南方山地丘陵区-缓坡地-非梯田-顺坡-旱地-露地蔬菜

模式参数	所属分区		南方山地丘陵区
	地形		缓坡地
	梯田/非梯田		非梯田
	种植方向		顺坡
	土地利用方式		旱地
	种植模式		露地蔬菜
流失量（kg/亩）	总氮（TN）	常规施肥区	1.600
		不施肥区	1.080
	硝态氮（NO_3^- - N）	常规施肥区	—
		不施肥区	—
	铵态氮（NH_4^+ - N）	常规施肥区	—
		不施肥区	—
	总磷（TP）	常规施肥区	0.108
		不施肥区	0.072
	可溶性总磷（DTP）	常规施肥区	—
		不施肥区	—
肥料流失系数	总氮（%）		1.789
	总磷（%）		1.020

（1）备注：参考重点监测点及南方湿润平原区-平地-旱地-露地蔬菜模式的参数。

（2）注意事项：适合本模式，但未能完全满足以上条件的农田，可对照本模式下的相应参数，通过修正来确定需要测算的农田氮、磷流失系数。

模式 55 南方山地丘陵区-缓坡地-梯田-旱地-露地蔬菜

模式参数	所属分区		南方山地丘陵区
	地形		缓坡地
	梯田/非梯田		梯田
	种植方向		—
	土地利用方式		旱地
	种植模式		露地蔬菜
流失量（kg/亩）	总氮（TN）	常规施肥区	1.450
		不施肥区	0.900
	硝态氮（$NO_3^- - N$）	常规施肥区	—
		不施肥区	—
	铵态氮（$NH_4^+ - N$）	常规施肥区	—
		不施肥区	—
	总磷（TP）	常规施肥区	0.090
		不施肥区	0.060
	可溶性总磷（DTP）	常规施肥区	—
		不施肥区	—
肥料流失系数	总氮（%）		1.500
	总磷（%）		0.850

（1）备注：参考重点监测点及南方湿润平原区-平地-旱地-露地蔬菜模式的参数。

（2）注意事项：适合本模式，但未能完全满足以上条件的农田，可对照本模式下的相应参数，通过修正来确定需要测算的农田氮、磷流失系数。

模式 56　南方山地丘陵区-缓坡地-梯田-水田-其他

模式参数	所属分区		南方山地丘陵区
	地形		缓坡地
	梯田/非梯田		梯田
	种植方向		—
	土地利用方式		水田
	种植模式		其他
流失量（kg/亩）	总氮（TN）	常规施肥区	1.300
		不施肥区	0.854
	硝态氮（$NO_3^- - N$）	常规施肥区	—
		不施肥区	—
	铵态氮（$NH_4^+ - N$）	常规施肥区	—
		不施肥区	—
	总磷（TP）	常规施肥区	0.074
		不施肥区	0.046
	可溶性总磷（DTP）	常规施肥区	—
		不施肥区	—
肥料流失系数	总氮（%）		1.441
	总磷（%）		0.270

（1）备注：参考重点监测点及南方山地丘陵区-缓坡地-梯田-水田-双季稻模式的参数。

（2）注意事项：适合本模式，但未能完全满足以上条件的农田，可对照本模式下的相应参数，通过修正来确定需要测算的农田氮、磷流失系数。

模式 57　南方山地丘陵区-缓坡地-梯田-水田-稻麦轮作

模式参数	所属分区		南方山地丘陵区
	地形		缓坡地
	梯田/非梯田		梯田
	种植方向		—
	土地利用方式		水田
	种植模式		稻麦轮作
流失量（kg/亩）	总氮（TN）	常规施肥区	1.162
		不施肥区	1.000
	硝态氮（NO_3^--N）	常规施肥区	—
		不施肥区	—
	铵态氮（NH_4^+-N）	常规施肥区	—
		不施肥区	—
	总磷（TP）	常规施肥区	0.031
		不施肥区	0.022
	可溶性总磷（DTP）	常规施肥区	—
		不施肥区	—
肥料流失系数	总氮（%）		0.577
	总磷（%）		0.671

（1）备注：参考重点监测点及南方山地丘陵区-缓坡地-梯田-水田-稻油轮作模式的参数。

（2）注意事项：适合本模式，但未能完全满足以上条件的农田，可对照本模式下的相应参数，通过修正来确定需要测算的农田氮、磷流失系数。

模式 58　南方湿润平原区-平地-旱地-露地蔬菜

模式参数	所属分区		南方湿润平原区
	地形		平地
	梯田/非梯田		—
	种植方向		—
	土地利用方式		旱地
	种植模式		露地蔬菜
流失量（kg/亩）	总氮（TN）	常规施肥区	1.233
		不施肥区	0.760
	硝态氮（NO_3^-－N）	常规施肥区	0.663
		不施肥区	0.363
	铵态氮（NH_4^+－N）	常规施肥区	0.107
		不施肥区	0.070
	总磷（TP）	常规施肥区	0.389
		不施肥区	0.336
	可溶性总磷（DTP）	常规施肥区	0.088
		不施肥区	0.073
肥料流失系数	总氮（%）		1.464
	总磷（%）		0.873

（1）测算本系数的农田基本信息：

土壤类型：砖红壤、水稻土、赤红壤、潮土、红壤、黄棕壤、棕红壤。

土壤质地：沙壤、中壤、轻壤、黏土、重壤。

肥力水平：中、高。

土壤养分：全氮含量平均为 1.44g/kg、硝态氮含量平均为 20.43mg/kg、有机质含量平均为 21.34g/kg、全磷含量平均为 0.94g/kg。

作物种类：京白菜、菜心、上海青、苋菜、甘蓝、大白菜、青笋、青菜等根茎叶类蔬菜，扁豆、豆角、白瓜、冬瓜等瓜果类蔬菜，马铃薯、籽用油菜、水稻、玉米、棉花等粮经作物。

总施氮量：37.83（以 N 计，kg/亩）（含有机肥氮和化肥氮）。

总施磷量：21.86（以 P_2O_5计，kg/亩）（含有机肥磷和化肥磷）。

（2）注意事项：适合本模式，但未能完全满足以上条件的农田，可对照本模式下的相应参数，通过修正来确定需要测算的农田氮、磷流失系数。

模式 59　南方湿润平原区-平地-水田-双季稻

模式参数	所属分区		南方湿润平原区
	地形		平地
	梯田/非梯田		—
	种植方向		—
	土地利用方式		水田
	种植模式		双季稻
流失量（kg/亩）	总氮（TN）	常规施肥区	0.933
		不施肥区	0.699
	硝态氮（NO_3^-－N）	常规施肥区	0.245
		不施肥区	0.183
	铵态氮（NH_4^+－N）	常规施肥区	0.177
		不施肥区	0.104
	总磷（TP）	常规施肥区	0.077
		不施肥区	0.058
	可溶性总磷（DTP）	常规施肥区	0.046
		不施肥区	0.033
肥料流失系数	总氮（%）		1.079
	总磷（%）		0.616

（1）测算本系数的农田基本信息：

土壤类型：紫色土、水稻土、潮土、红壤。

土壤质地：沙壤、中壤、轻壤、黏土、重壤。

肥力水平：中、高。

土壤养分：全氮含量平均为 1.46g/kg、硝态氮含量平均为 2.35mg/kg、有机质含量平均为 22.39g/kg、全磷含量平均为 0.48g/kg。

作物种类：水稻。

总施氮量：24.06（以 N 计，kg/亩）（含有机肥氮和化肥氮）。

总施磷量：7.28（以 P_2O_5计，kg/亩）（含有机肥磷和化肥磷）。

（2）注意事项：适合本模式，但未能完全满足以上条件的农田，可对照本模式下的相应参数，通过修正来确定需要测算的农田氮、磷流失系数。

模式 60　南方湿润平原区-平地-水田-其他

模式参数	所属分区		南方湿润平原区
	地形		平地
	梯田/非梯田		—
	种植方向		—
	土地利用方式		水田
	种植模式		其他
流失量（kg/亩）	总氮（TN）	常规施肥区	0.888
		不施肥区	0.536
	硝态氮（NO_3^-－N）	常规施肥区	0.355
		不施肥区	0.247
	铵态氮（NH_4^+－N）	常规施肥区	0.106
		不施肥区	0.055
	总磷（TP）	常规施肥区	0.034
		不施肥区	0.024
	可溶性总磷（DTP）	常规施肥区	0.019
		不施肥区	0.015
肥料流失系数	总氮（%）		1.441
	总磷（%）		0.256

（1）测算本系数的农田基本信息：

土壤类型：水稻土、潮土。

土壤质地：沙土、沙壤、中壤、轻壤、黏土。

肥力水平：中、高。

土壤养分：全氮含量平均为 1.12g/kg、硝态氮含量平均为 10.31mg/kg、有机质含量平均为 22.89g/kg、全磷含量平均为 0.54g/kg。

作物种类：白菜、萝卜、水生蔬菜、榨菜、莴笋等根茎叶类蔬菜，水稻、籽用油菜、玉米、蚕豆等粮经作物，甜瓜等瓜果类蔬菜及红花草。

总施氮量：25.74（以 N 计，kg/亩）（含有机肥氮和化肥氮）。

总施磷量：10.67（以 P_2O_5 计，kg/亩）（含有机肥磷和化肥磷）。

（2）注意事项：适合本模式，但未能完全满足以上条件的农田，可对照本模式下的相应参数，通过修正来确定需要测算的农田氮、磷流失系数。

模式 61 南方湿润平原区-平地-水田-稻麦轮作

模式参数	所属分区		南方湿润平原区
	地形		平地
	梯田/非梯田		—
	种植方向		—
	土地利用方式		水田
	种植模式		稻麦轮作
流失量（kg/亩）	总氮（TN）	常规施肥区	1.106
		不施肥区	0.899
	硝态氮（NO_3^--N）	常规施肥区	0.420
		不施肥区	0.273
	铵态氮（NH_4^+-N）	常规施肥区	0.114
		不施肥区	0.063
	总磷（TP）	常规施肥区	0.024
		不施肥区	0.019
	可溶性总磷（DTP）	常规施肥区	0.010
		不施肥区	0.008
肥料流失系数	总氮（%）		0.875
	总磷（%）		0.182

（1）测算本系数的农田基本信息：

土壤类型：砂姜黑土、水稻土。

土壤质地：沙土、中壤、轻壤、黏土、重壤。

肥力水平：中、高。

土壤养分：全氮含量平均为 1.49g/kg、硝态氮含量平均为 3.34mg/kg、有机质含量平均为 24.78g/kg、全磷含量平均为 0.80g/kg。

作物种类：小麦、水稻。

总施氮量：21.78（以 N 计，kg/亩）（含有机肥氮和化肥氮）。

总施磷量：6.35（以 P_2O_5 计，kg/亩）（含有机肥磷和化肥磷）。

（2）注意事项：适合本模式，但未能完全满足以上条件的农田，可对照本模式下的相应参数，通过修正来确定需要测算的农田氮、磷流失系数。

模式 62 南方湿润平原区-平地-水田-稻油轮作

模式参数	所属分区		南方湿润平原区
	地形		平地
	梯田/非梯田		—
	种植方向		—
	土地利用方式		水田
	种植模式		稻油轮作
流失量（kg/亩）	总氮（TN）	常规施肥区	1.301
		不施肥区	1.112
	硝态氮（NO_3^-－N）	常规施肥区	0.580
		不施肥区	0.528
	铵态氮（NH_4^+－N）	常规施肥区	0.080
		不施肥区	0.064
	总磷（TP）	常规施肥区	0.055
		不施肥区	0.037
	可溶性总磷（DTP）	常规施肥区	0.030
		不施肥区	0.027
肥料流失系数	总氮（%）		1.123
	总磷（%）		0.280

（1）测算本系数的农田基本信息：

土壤类型：水稻土、潮土、黄棕壤、黄壤。

土壤质地：沙壤、中壤、轻壤、黏土、重壤。

肥力水平：中、高。

土壤养分：全氮含量平均为 1.57g/kg、硝态氮含量平均为 9.54mg/kg、有机质含量平均为 29.67g/kg、全磷含量平均为 0.53g/kg。

作物种类：水稻、籽用油菜、花生。

总施氮量：21.11（以 N 计，kg/亩）（含有机肥氮和化肥氮）。

总施磷量：10.45（以 P_2O_5计，kg/亩）（含有机肥磷和化肥磷）。

（2）注意事项：适合本模式，但未能完全满足以上条件的农田，可对照本模式下的相应参数，通过修正来确定需要测算的农田氮、磷流失系数。

模式 63　南方湿润平原区-平地-水田-单季稻

模式参数	所属分区		南方湿润平原区
	地形		平地
	梯田/非梯田		—
	种植方向		—
	土地利用方式		水田
	种植模式		单季稻
流失量（kg/亩）	总氮（TN）	常规施肥区	0.789
		不施肥区	0.649
	硝态氮（NO_3^-－N）	常规施肥区	0.177
		不施肥区	0.145
	铵态氮（NH_4^+－N）	常规施肥区	0.141
		不施肥区	0.118
	总磷（TP）	常规施肥区	0.034
		不施肥区	0.030
	可溶性总磷（DTP）	常规施肥区	0.010
		不施肥区	0.009
肥料流失系数	总氮（%）		1.047
	总磷（%）		0.363

（1）测算本系数的农田基本信息：

土壤类型：水稻土。

土壤质地：沙壤、中壤、轻壤、黏土。

肥力水平：中、高。

土壤养分：全氮含量平均为 0.93g/kg、硝态氮含量平均为 6.06mg/kg、有机质含量平均为 17.96g/kg、全磷含量平均为 0.51g/kg。

作物种类：水稻。

总施氮量：11.41（以 N 计，kg/亩）（含有机肥氮和化肥氮）。

总施磷量：4.91（以 P_2O_5计，kg/亩）（含有机肥磷和化肥磷）。

（2）注意事项：适合本模式，但未能完全满足以上条件的农田，可对照本模式下的相应参数，通过修正来确定需要测算的农田氮、磷流失系数。

模式 64　南方湿润平原区-平地-旱地-大田一熟

<table>
<tr><td rowspan="6">模式参数</td><td colspan="2">所属分区</td><td>南方湿润平原区</td></tr>
<tr><td colspan="2">地形</td><td>平地</td></tr>
<tr><td colspan="2">梯田/非梯田</td><td>—</td></tr>
<tr><td colspan="2">种植方向</td><td>—</td></tr>
<tr><td colspan="2">土地利用方式</td><td>旱地</td></tr>
<tr><td colspan="2">种植模式</td><td>大田一熟</td></tr>
<tr><td rowspan="10">流失量
（kg/亩）</td><td rowspan="2">总氮（TN）</td><td>常规施肥区</td><td>0.951</td></tr>
<tr><td>不施肥区</td><td>0.776</td></tr>
<tr><td rowspan="2">硝态氮（$NO_3^- - N$）</td><td>常规施肥区</td><td>0.531</td></tr>
<tr><td>不施肥区</td><td>0.437</td></tr>
<tr><td rowspan="2">铵态氮（$NH_4^+ - N$）</td><td>常规施肥区</td><td>0.092</td></tr>
<tr><td>不施肥区</td><td>0.061</td></tr>
<tr><td rowspan="2">总磷（TP）</td><td>常规施肥区</td><td>0.063</td></tr>
<tr><td>不施肥区</td><td>0.049</td></tr>
<tr><td rowspan="2">可溶性总磷（DTP）</td><td>常规施肥区</td><td>0.033</td></tr>
<tr><td>不施肥区</td><td>0.020</td></tr>
<tr><td rowspan="2">肥料流失系数</td><td colspan="2">总氮（%）</td><td>0.959</td></tr>
<tr><td colspan="2">总磷（%）</td><td>0.867</td></tr>
</table>

（1）测算本系数的农田基本信息：

土壤类型：水稻土、赤红壤、潮土、红壤、黄棕壤。

土壤质地：沙壤、中壤、轻壤、黏土、重壤。

肥力水平：中、高。

土壤养分：全氮含量平均为 1.29g/kg、硝态氮含量平均为 2.99mg/kg、有机质含量平均为 24.26g/kg、全磷含量平均为 0.61g/kg。

作物种类：甘蔗、甘薯、籽用油菜、花生、棉花、烟草。

总施氮量：21.01（以 N 计，kg/亩）（含有机肥氮和化肥氮）。

总施磷量：6.99（以 P_2O_5计，kg/亩）（含有机肥磷和化肥磷）。

（2）注意事项：适合本模式，但未能完全满足以上条件的农田，可对照本模式下的相应参数，通过修正来确定需要测算的农田氮、磷流失系数。

模式 65　南方湿润平原区-平地-旱地-大田两熟及以上

模式参数	所属分区		南方湿润平原区
	地形		平地
	梯田/非梯田		—
	种植方向		—
	土地利用方式		旱地
	种植模式		大田两熟及以上
流失量（kg/亩）	总氮（TN）	常规施肥区	0.668
		不施肥区	0.477
	硝态氮（NO_3^-－N）	常规施肥区	0.384
		不施肥区	0.251
	铵态氮（NH_4^+－N）	常规施肥区	0.068
		不施肥区	0.052
	总磷（TP）	常规施肥区	0.037
		不施肥区	0.027
	可溶性总磷（DTP）	常规施肥区	0.019
		不施肥区	0.014
肥料流失系数	总氮（%）		1.052
	总磷（%）		0.410

（1）测算本系数的农田基本信息：

土壤类型：水稻土、赤红壤、潮土、红壤、黄壤。

土壤质地：沙土、中壤、轻壤、黏土。

肥力水平：中。

土壤养分：全氮含量平均为 1.37g/kg、硝态氮含量平均为 16.17mg/kg、有机质含量平均为 19.08g/kg、全磷含量平均为 0.78g/kg。

作物种类：小麦、甘薯、大豆、籽用油菜、玉米、棉花。

总施氮量：22.22（以 N 计，kg/亩）（含有机肥氮和化肥氮）。

总施磷量：7.91（以 P_2O_5 计，kg/亩）（含有机肥磷和化肥磷）。

（2）注意事项：适合本模式，但未能完全满足以上条件的农田，可对照本模式下的相应参数，通过修正来确定需要测算的农田氮、磷流失系数。

模式 66 南方湿润平原区-平地-旱地-园地

模式参数	所属分区		南方湿润平原区
	地形		平地
	梯田/非梯田		—
	种植方向		—
	土地利用方式		旱地
	种植模式		园地
流失量（kg/亩）	总氮（TN）	常规施肥区	1.331
		不施肥区	1.147
	硝态氮（$NO_3^- - N$）	常规施肥区	0.942
		不施肥区	0.679
	铵态氮（$NH_4^+ - N$）	常规施肥区	0.079
		不施肥区	0.093
	总磷（TP）	常规施肥区	0.107
		不施肥区	0.081
	可溶性总磷（DTP）	常规施肥区	0.006
		不施肥区	0.005
肥料流失系数	总氮（%）		0.855
	总磷（%）		0.514

（1）测算本系数的农田基本信息：

土壤类型：水稻土、赤红壤、黄壤、棕红壤。

土壤质地：中壤、黏土、重壤。

肥力水平：中、高。

土壤养分：全氮含量平均为 0.88g/kg、硝态氮含量平均为 3.43mg/kg、有机质含量平均为 17.37g/kg、全磷含量平均为 0.42g/kg。

作物种类：茶、葡萄等落叶果树，桑类、荔枝等常绿果树，香蕉。

总施氮量：27.89（以 N 计，kg/亩）（含有机肥氮和化肥氮）。

总施磷量：12.89（以 P_2O_5计，kg/亩）（含有机肥磷和化肥磷）。

（2）注意事项：适合本模式，但未能完全满足以上条件的农田，可对照本模式下的相应参数，通过修正来确定需要测算的农田氮、磷流失系数。

模式 67　西北干旱半干旱平原区-平地-旱地-大田一熟

模式参数	所属分区		西北干旱半干旱平原区
	地形		平地
	梯田/非梯田		—
	种植方向		—
	土地利用方式		旱地
	种植模式		大田一熟
流失量（kg/亩）	总氮（TN）	常规施肥区	0.008
		不施肥区	0.003
	硝态氮（NO_3^-－N）	常规施肥区	0.001
		不施肥区	0.001
	铵态氮（NH_4^+－N）	常规施肥区	—
		不施肥区	—
	总磷（TP）	常规施肥区	0.002
		不施肥区	0.001
	可溶性总磷（DTP）	常规施肥区	—
		不施肥区	—
肥料流失系数	总氮（%）		0.082
	总磷（%）		0.031

（1）测算本系数的农田基本信息：

土壤类型：栗钙土。

土壤质地：轻壤。

肥力水平：低。

土壤养分：全氮含量平均为 0.99g/kg、硝态氮含量平均为 23.22mg/kg、有机质含量平均为 17.34g/kg、全磷含量平均为 0.80g/kg。

作物种类：小麦。

总施氮量：5.50（以 N 计，kg/亩）（含有机肥氮和化肥氮）。

总施磷量：4.58（以 P_2O_5计，kg/亩）（含有机肥磷和化肥磷）。

（2）注意事项：适合本模式，但未能完全满足以上条件的农田，可对照本模式下的相应参数，通过修正来确定需要测算的农田氮、磷流失系数。

模式 68　西北干旱半干旱平原区-平地-水田-单季稻

模式参数	所属分区		西北干旱半干旱平原区
	地形		平地
	梯田/非梯田		—
	种植方向		—
	土地利用方式		水田
	种植模式		单季稻
流失量（kg/亩）	总氮（TN）	常规施肥区	0.003
		不施肥区	0.001
	硝态氮（NO_3^- - N）	常规施肥区	—
		不施肥区	—
	铵态氮（NH_4^+ - N）	常规施肥区	0.001
		不施肥区	0.000
	总磷（TP）	常规施肥区	0.000
		不施肥区	0.000
	可溶性总磷（DTP）	常规施肥区	—
		不施肥区	—
肥料流失系数	总氮（%）		0.022
	总磷（%）		0.000

（1）测算本系数的农田基本信息：

土壤类型：水稻土。

土壤质地：中壤。

肥力水平：高。

作物种类：水稻。

总施氮量：12.80（以 N 计，kg/亩）（含有机肥氮和化肥氮）。

总施磷量：12.60（以 P_2O_5计，kg/亩）（含有机肥磷和化肥磷）。

（2）注意事项：适合本模式，但未能完全满足以上条件的农田，可对照本模式下的相应参数，通过修正来确定需要测算的农田氮、磷流失系数。

模式 69　西北干旱半干旱平原区-平地-旱地-露地蔬菜

模式参数	所属分区		西北干旱半干旱平原区
	地形		平地
	梯田/非梯田		—
	种植方向		—
	土地利用方式		旱地
	种植模式		露地蔬菜
流失量（kg/亩）	总氮（TN）	常规施肥区	0.488
		不施肥区	0.303
	硝态氮（NO_3^-－N）	常规施肥区	—
		不施肥区	—
	铵态氮（NH_4^+－N）	常规施肥区	—
		不施肥区	—
	总磷（TP）	常规施肥区	0.024
		不施肥区	0.019
	可溶性总磷（DTP）	常规施肥区	—
		不施肥区	—
肥料流失系数	总氮（%）		0.596
	总磷（%）		0.340

（1）备注：参考重点监测点及南方湿润平原区-平地-旱地-露地蔬菜模式的参数。

（2）注意事项：适合本模式，但未能完全满足以上条件的农田，可对照本模式下的相应参数，通过修正来确定需要测算的农田氮、磷流失系数。

模式 70　西北干旱半干旱平原区-平地-旱地-园地

模式参数	所属分区		西北干旱半干旱平原区
	地形		平地
	梯田/非梯田		—
	种植方向		—
	土地利用方式		旱地
	种植模式		园地
流失量（kg/亩）	总氮（TN）	常规施肥区	0.532
		不施肥区	0.459
	硝态氮（NO_3^-－N）	常规施肥区	—
		不施肥区	—
	铵态氮（NH_4^+－N）	常规施肥区	—
		不施肥区	—
	总磷（TP）	常规施肥区	0.043
		不施肥区	0.032
	可溶性总磷（DTP）	常规施肥区	—
		不施肥区	—
肥料流失系数	总氮（%）		0.342
	总磷（%）		0.206

（1）备注：参考重点监测点及南方湿润平原区-平地-旱地-园地模式的参数。

（2）注意事项：适合本模式，但未能完全满足以上条件的农田，可对照本模式下的相应参数，通过修正来确定需要测算的农田氮、磷流失系数。

第三章　农田地下淋溶氮、磷排放系数

模式 1　东北半湿润平原区-平地-旱地-春玉米

<table>
<tr><td rowspan="3">模式参数</td><td colspan="2">所属分区</td><td>东北半湿润平原区</td></tr>
<tr><td colspan="2">土地利用方式</td><td>旱地</td></tr>
<tr><td colspan="2">种植模式</td><td>春玉米</td></tr>
<tr><td rowspan="6">流失量
（kg/亩）</td><td rowspan="2">总氮（TN）</td><td>常规施肥区</td><td>0.125</td></tr>
<tr><td>不施肥区</td><td>0.094</td></tr>
<tr><td rowspan="2">硝态氮（NO_3^-－N）</td><td>常规施肥区</td><td>0.064</td></tr>
<tr><td>不施肥区</td><td>0.050</td></tr>
<tr><td rowspan="2">铵态氮（NH_4^+－N）</td><td>常规施肥区</td><td>0.012</td></tr>
<tr><td>不施肥区</td><td>0.009</td></tr>
<tr><td>肥料流失系数</td><td colspan="2">总氮（%）</td><td>0.500</td></tr>
</table>

（1）测算本系数的农田基本信息：

土壤类型：黑土、棕壤。

土壤质地：中壤、黏土。

肥力水平：中、高。

土壤养分：全氮含量平均为 1.08g/kg、硝态氮含量平均为 14.15mg/kg、有机质含量平均为 25.05g/kg、全磷含量平均为 0.55g/kg。

作物种类：玉米。

总施氮量：13.81（以 N 计，kg/亩）（含有机肥氮和化肥氮）。

总施磷量：5.01（以 P_2O_5计，kg/亩）（含有机肥磷和化肥磷）。

（2）注意事项：适合本模式，但未能完全满足以上条件的农田，可对照本模式下的相应参数，通过修正来确定需要测算的农田氮、磷流失系数。

模式 2　东北半湿润平原区-平地-旱地-保护地

模式参数	所属分区		东北半湿润平原区
	土地利用方式		旱地
	种植模式		保护地
流失量（kg/亩）	总氮（TN）	常规施肥区	0.753
		不施肥区	0.494
	硝态氮（NO_3^-－N）	常规施肥区	0.332
		不施肥区	0.233
	铵态氮（NH_4^+－N）	常规施肥区	0.011
		不施肥区	0.009
肥料流失系数	总氮（%）		0.816

（1）测算本系数的农田基本信息：

土壤类型：黄棕壤、黑土、棕壤。

土壤质地：沙壤、中壤。

肥力水平：中、高。

土壤养分：全氮含量平均为 1.60g/kg、硝态氮含量平均为 0.70mg/kg、有机质含量平均为 28.19g/kg、全磷含量平均为 1.26g/kg。

作物种类：根茎叶类蔬菜、瓜果类蔬菜。

总施氮量：34.05（以 N 计，kg/亩）（含有机肥氮和化肥氮）。

总施磷量：46.72（以 P_2O_5计，kg/亩）（含有机肥磷和化肥磷）。

（2）注意事项：适合本模式，但未能完全满足以上条件的农田，可对照本模式下的相应参数，通过修正来确定需要测算的农田氮、磷流失系数。

模式3 东北半湿润平原区-平地-旱地-露地蔬菜

模式参数	所属分区		东北半湿润平原区
	土地利用方式		旱地
	种植模式		露地蔬菜
流失量（kg/亩）	总氮（TN）	常规施肥区	0.328
		不施肥区	0.276
	硝态氮（NO_3^-－N）	常规施肥区	0.101
		不施肥区	0.137
	铵态氮（NH_4^+－N）	常规施肥区	0.030
		不施肥区	0.038
肥料流失系数	总氮（%）		0.409

（1）测算本系数的农田基本信息：

土壤类型：潮土、黑土、棕壤。

土壤质地：沙壤、中壤。

肥力水平：中。

土壤养分：全氮含量平均为0.75g/kg、硝态氮含量平均为8.38mg/kg、有机质含量平均为16.91g/kg、全磷含量平均为0.90g/kg。

作物种类：根茎叶类蔬菜、瓜果类蔬菜。

总施氮量：11.43（以N计，kg/亩）（含有机肥氮和化肥氮）。

总施磷量：6.72（以P_2O_5计，kg/亩）（含有机肥磷和化肥磷）。

（2）注意事项：适合本模式，但未能完全满足以上条件的农田，可对照本模式下的相应参数，通过修正来确定需要测算的农田氮、磷流失系数。

模式 4 东北半湿润平原区-平地-旱地-大豆

模式参数	所属分区		东北半湿润平原区
	土地利用方式		旱地
	种植模式		大豆
流失量（kg/亩）	总氮（TN）	常规施肥区	0.126
		不施肥区	0.095
	硝态氮（NO_3^-－N）	常规施肥区	0.082
		不施肥区	0.072
	铵态氮（NH_4^+－N）	常规施肥区	0.019
		不施肥区	0.014
肥料流失系数	总氮（%）		0.442

（1）测算本系数的农田基本信息：

土壤类型：暗棕壤、黑土。

土壤质地：中壤、轻壤。

肥力水平：中、高。

土壤养分：全氮含量平均为 0.93g/kg、硝态氮含量平均为 11.15mg/kg、有机质含量平均为 21.16g/kg、全磷含量平均为 0.33g/kg。

作物种类：大豆、杂草。

总施氮量：2.93（以 N 计，kg/亩）（含有机肥氮和化肥氮）。

总施磷量：3.82（以 P_2O_5计，kg/亩）（含有机肥磷和化肥磷）。

（2）注意事项：适合本模式，但未能完全满足以上条件的农田，可对照本模式下的相应参数，通过修正来确定需要测算的农田氮、磷流失系数。

模式 5　东北半湿润平原区-平地-旱地-园地

模式参数	所属分区		东北半湿润平原区
	土地利用方式		旱地
	种植模式		园地
流失量（kg/亩）	总氮（TN）	常规施肥区	0.312
		不施肥区	0.262
	硝态氮（NO_3^- -N）	常规施肥区	0.096
		不施肥区	0.130
	铵态氮（NH_4^+ -N）	常规施肥区	0.028
		不施肥区	0.036
肥料流失系数	总氮（%）		0.388

（1）测算本系数的农田基本信息：

土壤类型：草甸土。

土壤质地：轻壤。

肥力水平：中。

土壤养分：全氮含量平均为 0.63g/kg、硝态氮含量平均为 0.00mg/kg、有机质含量平均为 10.97g/kg、全磷含量平均为 0.47g/kg。

作物种类：落叶果树。

总施氮量：11.50（以 N 计，kg/亩）（含有机肥氮和化肥氮）。

总施磷量：11.45（以 P_2O_5 计，kg/亩）（含有机肥磷和化肥磷）。

（2）注意事项：适合本模式，但未能完全满足以上条件的农田，可对照本模式下的相应参数，通过修正来确定需要测算的农田氮、磷流失系数。

模式 6　东北半湿润平原区-平地-旱地-大田一熟

模式参数	所属分区		东北半湿润平原区
	土地利用方式		旱地
	种植模式		大田一熟
流失量（kg/亩）	总氮（TN）	常规施肥区	—
		不施肥区	—
	硝态氮（NO_3^-－N）	常规施肥区	—
		不施肥区	—
	铵态氮（NH_4^+－N）	常规施肥区	—
		不施肥区	—
肥料流失系数	总氮（%）		0.471

（1）备注：参考东北半湿润平原区-平地-旱地-大豆模式及东北半湿润平原区-平地-旱地-春玉米模式的参数。

（2）注意事项：适合本模式，但未能完全满足以上条件的农田，可对照本模式下的相应参数，通过修正来确定需要测算的农田氮、磷流失系数。

模式7　黄淮海半湿润平原区-平地-旱地-保护地

模式参数	所属分区		黄淮海半湿润平原区
	土地利用方式		旱地
	种植模式		保护地
流失量（kg/亩）	总氮（TN）	常规施肥区	6.045
		不施肥区	4.468
	硝态氮（NO_3^-－N）	常规施肥区	3.798
		不施肥区	2.837
	铵态氮（NH_4^+－N）	常规施肥区	0.240
		不施肥区	0.226
肥料流失系数	总氮（%）		2.673

（1）测算本系数的农田基本信息：

土壤类型：褐土、潮土、垆土、棕壤。

土壤质地：沙壤、中壤、轻壤、黏土。

肥力水平：中、高。

土壤养分：全氮含量平均为1.12g/kg、硝态氮含量平均为35.29mg/kg、有机质含量平均为16.20g/kg、全磷含量平均为1.16g/kg。

作物种类：茄子、结球甘蓝、甘薯、甘蓝、生菜、茼蒿、番茄、马铃薯、西瓜、肉芥菜、芹菜、黄瓜。

总施氮量：63.53（以N计，kg/亩）（含有机肥氮和化肥氮）。

总施磷量：44.58（以P_2O_5计，kg/亩）（含有机肥磷和化肥磷）。

（2）注意事项：适合本模式，但未能完全满足以上条件的农田，可对照本模式下的相应参数，通过修正来确定需要测算的农田氮、磷流失系数。

模式 8　黄淮海半湿润平原区-平地-旱地-大田小麦玉米两熟

模式参数	所属分区		黄淮海半湿润平原区
	土地利用方式		旱地
	种植模式		大田小麦玉米两熟
流失量（kg/亩）	总氮（TN）	常规施肥区	1.328
		不施肥区	0.894
	硝态氮（NO_3^- －N）	常规施肥区	0.792
		不施肥区	0.537
	铵态氮（NH_4^+ －N）	常规施肥区	0.056
		不施肥区	0.041
肥料流失系数	总氮（%）		1.393

（1）测算本系数的农田基本信息：

土壤类型：褐土、潮土、埁土。

土壤质地：沙壤、中壤、轻壤、黏土。

肥力水平：中、低、高。

土壤养分：全氮含量平均为 1.34g/kg、硝态氮含量平均为 7.90mg/kg、有机质含量平均为 15.66g/kg、全磷含量平均为 0.87g/kg。

作物种类：小麦、玉米。

总施氮量：29.51（以 N 计，kg/亩）（含有机肥氮和化肥氮）。

总施磷量：9.19（以 P_2O_5 计，kg/亩）（含有机肥磷和化肥磷）。

（2）注意事项：适合本模式，但未能完全满足以上条件的农田，可对照本模式下的相应参数，通过修正来确定需要测算的农田氮、磷流失系数。

模式 9　黄淮海半湿润平原区-平地-旱地-园地

模式参数	所属分区		黄淮海半湿润平原区
	土地利用方式		旱地
	种植模式		园地
流失量（kg/亩）	总氮（TN）	常规施肥区	1.695
		不施肥区	1.400
	硝态氮（$NO_3^- - N$）	常规施肥区	1.228
		不施肥区	1.017
	铵态氮（$NH_4^+ - N$）	常规施肥区	0.050
		不施肥区	0.041
肥料流失系数	总氮（%）		0.976

（1）测算本系数的农田基本信息：

土壤类型：褐土、潮土、垆土、棕壤。

土壤质地：沙壤、中壤、轻壤、重壤。

肥力水平：中、高。

土壤养分：全氮含量平均为 0.77g/kg、硝态氮含量平均为 7.59mg/kg、有机质含量平均为 11.12g/kg、全磷含量平均为 0.96g/kg。

作物种类：鸭梨、桃树、葡萄、板栗、苹果等落叶果树。

总施氮量：45.99（以 N 计，kg/亩）（含有机肥氮和化肥氮）。

总施磷量：30.87（以 P_2O_5 计，kg/亩）（含有机肥磷和化肥磷）。

（2）注意事项：适合本模式，但未能完全满足以上条件的农田，可对照本模式下的相应参数，通过修正来确定需要测算的农田氮、磷流失系数。

模式 10　黄淮海半湿润平原区-平地-旱地-露地蔬菜

模式参数	所属分区		黄淮海半湿润平原区
	土地利用方式		旱地
	种植模式		露地蔬菜
流失量（kg/亩）	总氮（TN）	常规施肥区	2.500
		不施肥区	2.090
	硝态氮（NO_3^-－N）	常规施肥区	1.353
		不施肥区	1.349
	铵态氮（NH_4^+－N）	常规施肥区	0.024
		不施肥区	0.020
肥料流失系数	总氮（%）		1.535

（1）测算本系数的农田基本信息：

土壤类型：褐土、潮土。

土壤质地：沙壤、中壤、轻壤、黏土。

肥力水平：中、高。

土壤养分：全氮含量平均为 1.05g/kg、硝态氮含量平均为 12.22mg/kg、有机质含量平均为 16.06g/kg、全磷含量平均为 1.16g/kg。

作物种类：娃娃菜、韭菜、甘蓝、白菜、生姜、大葱等根茎叶类蔬菜，豆角、辣椒、茄子、黄瓜。

总施氮量：36.15（以 N 计，kg/亩）（含有机肥氮和化肥氮）。

总施磷量：31.19（以 P_2O_5计，kg/亩）（含有机肥磷和化肥磷）。

（2）注意事项：适合本模式，但未能完全满足以上条件的农田，可对照本模式下的相应参数，通过修正来确定需要测算的农田氮、磷流失系数。

模式 11 黄淮海半湿润平原区-平地-旱地-大田其他两熟

模式参数	所属分区		黄淮海半湿润平原区
	土地利用方式		旱地
	种植模式		大田其他两熟
流失量（kg/亩）	总氮（TN）	常规施肥区	1.250
		不施肥区	0.911
	硝态氮（NO_3^-－N）	常规施肥区	0.887
		不施肥区	0.606
	铵态氮（NH_4^+－N）	常规施肥区	0.033
		不施肥区	0.007
肥料流失系数	总氮（%）		1.534

（1）测算本系数的农田基本信息：

土壤类型：砂姜黑土、潮土。

土壤质地：轻壤、黏土。

肥力水平：高。

作物种类：小麦、甘薯、大豆、地芸豆、根茎叶类蔬菜、玉米。

总施氮量：28.23（以 N 计，kg/亩）（含有机肥氮和化肥氮）。

总施磷量：13.51（以 P_2O_5计，kg/亩）（含有机肥磷和化肥磷）。

（2）注意事项：适合本模式，但未能完全满足以上条件的农田，可对照本模式下的相应参数，通过修正来确定需要测算的农田氮、磷流失系数。

模式 12　黄淮海半湿润平原区-平地-旱地-大田一熟

模式参数	所属分区		黄淮海半湿润平原区
	土地利用方式		旱地
	种植模式		大田一熟
流失量（kg/亩）	总氮（TN）	常规施肥区	0.625
		不施肥区	0.455
	硝态氮（NO_3^- -N）	常规施肥区	0.443
		不施肥区	0.303
	铵态氮（NH_4^+ -N）	常规施肥区	0.017
		不施肥区	0.003
肥料流失系数	总氮（%）		0.767

（1）测算本系数的农田基本信息：

土壤类型：褐土、栗钙土。

土壤质地：沙壤、黏土。

肥力水平：高。

土壤养分：全氮含量平均为 1.21g/kg、硝态氮含量平均为 8.42mg/kg、有机质含量平均为 22.02g/kg、全磷含量平均为 0.73g/kg。

作物种类：玉米。

总施氮量：15.90（以 N 计，kg/亩）（含有机肥氮和化肥氮）。

总施磷量：6.87（以 P_2O_5 计，kg/亩）（含有机肥磷和化肥磷）。

（2）备注：参考重点监测点及南方湿润平原区-平地-旱地-大田一熟模式的参数。

（3）注意事项：适合本模式，但未能完全满足以上条件的农田，可对照本模式下的相应参数，通过修正来确定需要测算的农田氮、磷流失系数。

模式 13　南方湿润平原区-平地-旱地-露地蔬菜

模式参数	所属分区		南方湿润平原区
	土地利用方式		旱地
	种植模式		露地蔬菜
流失量（kg/亩）	总氮（TN）	常规施肥区	2.707
		不施肥区	1.896
	硝态氮（NO_3^-－N）	常规施肥区	1.740
		不施肥区	1.321
	铵态氮（NH_4^+－N）	常规施肥区	0.218
		不施肥区	0.133
肥料流失系数	总氮（%）		2.329

（1）测算本系数的农田基本信息：

土壤类型：紫色土、潮土、红壤。

土壤质地：沙壤、中壤、黏土。

肥力水平：中、高。

土壤养分：全氮含量平均为 1.07g/kg、硝态氮含量平均为 12.38mg/kg、有机质含量平均为 15.91g/kg、全磷含量平均为 1.11g/kg。

作物种类：小青菜、甘薯、甘蓝、大豆、紫茄、地豆、番茄、白菜、籽用油菜、西葫芦、玉米、芋头、蚕豆、辣椒、黄瓜。

总施氮量：37.86（以 N 计，kg/亩）（含有机肥氮和化肥氮）。

总施磷量：16.67（以 P_2O_5 计，kg/亩）（含有机肥磷和化肥磷）。

（2）注意事项：适合本模式，但未能完全满足以上条件的农田，可对照本模式下的相应参数，通过修正来确定需要测算的农田氮、磷流失系数。

模式 14 南方湿润平原区-平地-旱地-大田一熟

模式参数	所属分区		南方湿润平原区
	土地利用方式		旱地
	种植模式		大田一熟
流失量（kg/亩）	总氮（TN）	常规施肥区	1.542
		不施肥区	1.407
	硝态氮（NO_3^- －N）	常规施肥区	1.008
		不施肥区	1.021
	铵态氮（NH_4^+ －N）	常规施肥区	0.041
		不施肥区	0.042
肥料流失系数	总氮（%）		0.562

（1）测算本系数的农田基本信息：

土壤类型：水稻土、黄棕壤。

土壤质地：沙壤、中壤、黏土。

肥力水平：中。

土壤养分：全氮含量平均为 0.84g/kg、有机质含量平均为 12.84g/kg、全磷含量平均为 0.51g/kg。

作物种类：小麦、水稻、花卉、莴苣。

总施氮量：26.70（以 N 计，kg/亩）（含有机肥氮和化肥氮）。

总施磷量：13.51（以 P_2O_5 计，kg/亩）（含有机肥磷和化肥磷）。

（2）注意事项：适合本模式，但未能完全满足以上条件的农田，可对照本模式下的相应参数，通过修正来确定需要测算的农田氮、磷流失系数。

模式 15　南方湿润平原区-平地-旱地-大田两熟及以上

<table>
<tr><td rowspan="3">模式参数</td><td colspan="2">所属分区</td><td>南方湿润平原区</td></tr>
<tr><td colspan="2">土地利用方式</td><td>旱地</td></tr>
<tr><td colspan="2">种植模式</td><td>大田两熟及以上</td></tr>
<tr><td rowspan="6">流失量
(kg/亩)</td><td rowspan="2">总氮（TN）</td><td>常规施肥区</td><td>1.941</td></tr>
<tr><td>不施肥区</td><td>0.645</td></tr>
<tr><td rowspan="2">硝态氮（$NO_3^- - N$）</td><td>常规施肥区</td><td>1.589</td></tr>
<tr><td>不施肥区</td><td>0.589</td></tr>
<tr><td rowspan="2">铵态氮（$NH_4^+ - N$）</td><td>常规施肥区</td><td>0.016</td></tr>
<tr><td>不施肥区</td><td>0.011</td></tr>
<tr><td>肥料流失系数</td><td colspan="2">总氮（%）</td><td>3.290</td></tr>
</table>

（1）测算本系数的农田基本信息：

土壤类型：紫色土、黄褐土。

土壤质地：黏土、重壤。

肥力水平：中。

土壤养分：全氮含量平均为 1.04g/kg、有机质含量平均为 23.58g/kg、全磷含量平均为 0.70g/kg。

作物种类：小麦、大豆、根茎叶类蔬菜、玉米。

总施氮量：39.35（以 N 计，kg/亩）（含有机肥氮和化肥氮）。

总施磷量：15.34（以 P_2O_5计，kg/亩）（含有机肥磷和化肥磷）。

（2）注意事项：适合本模式，但未能完全满足以上条件的农田，可对照本模式下的相应参数，通过修正来确定需要测算的农田氮、磷流失系数。

模式 16　南方湿润平原区-平地-旱地-保护地

模式参数	所属分区		南方湿润平原区
	土地利用方式		旱地
	种植模式		保护地
流失量（kg/亩）	总氮（TN）	常规施肥区	1.410
		不施肥区	0.774
	硝态氮（NO_3^-－N）	常规施肥区	0.411
		不施肥区	0.149
	铵态氮（NH_4^+－N）	常规施肥区	0.099
		不施肥区	0.046
肥料流失系数	总氮（%）		2.694

（1）测算本系数的农田基本信息：

土壤类型：紫色土、黄棕壤、黄壤。

土壤质地：沙壤、轻壤。

肥力水平：中。

土壤养分：全氮含量平均为 1.06g/kg、硝态氮含量平均为 28.87mg/kg、有机质含量平均为 17.18g/kg、全磷含量平均为 1.00g/kg。

作物种类：青菜、辣椒、莴笋、瓜果类蔬菜。

总施氮量：15.30（以 N 计，kg/亩）（含有机肥氮和化肥氮）。

总施磷量：9.85（以 P_2O_5计，kg/亩）（含有机肥磷和化肥磷）。

（2）注意事项：适合本模式，但未能完全满足以上条件的农田，可对照本模式下的相应参数，通过修正来确定需要测算的农田氮、磷流失系数。

模式 17　南方湿润平原区-平地-园地

<table>
<tr><td rowspan="3">模式参数</td><td colspan="2">所属分区</td><td>南方湿润平原区</td></tr>
<tr><td colspan="2">土地利用方式</td><td>旱地</td></tr>
<tr><td colspan="2">种植模式</td><td>园地</td></tr>
<tr><td rowspan="6">流失量（kg/亩）</td><td rowspan="2">总氮（TN）</td><td>常规施肥区</td><td>0.712</td></tr>
<tr><td>不施肥区</td><td>0.403</td></tr>
<tr><td rowspan="2">硝态氮（NO_3^-－N）</td><td>常规施肥区</td><td>0.516</td></tr>
<tr><td>不施肥区</td><td>0.292</td></tr>
<tr><td rowspan="2">铵态氮（NH_4^+－N）</td><td>常规施肥区</td><td>0.059</td></tr>
<tr><td>不施肥区</td><td>0.036</td></tr>
<tr><td>肥料流失系数</td><td colspan="2">总氮（%）</td><td>0.987</td></tr>
</table>

（1）测算本系数的农田基本信息：

土壤类型：紫色土、黄壤。

土壤质地：中壤、黏土。

肥力水平：中、低。

土壤养分：全氮含量平均为 0.81g/kg、硝态氮含量平均为 0.51mg/kg、有机质含量平均为 12.78g/kg、全磷含量平均为 0.71g/kg。

作物种类：常绿果树。

总施氮量：27.70（以 N 计，kg/亩）（含有机肥氮和化肥氮）。

总施磷量：22.67（以 P_2O_5计，kg/亩）（含有机肥磷和化肥磷）。

（2）注意事项：适合本模式，但未能完全满足以上条件的农田，可对照本模式下的相应参数，通过修正来确定需要测算的农田氮、磷流失系数。

模式 18　西北干旱半干旱平原区-平地-旱地-大田一熟

模式参数	所属分区		西北干旱半干旱平原区
	土地利用方式		旱地
	种植模式		大田一熟
流失量（kg/亩）	总氮（TN）	常规施肥区	0.377
		不施肥区	0.260
	硝态氮（NO_3^-－N）	常规施肥区	0.241
		不施肥区	0.160
	铵态氮（NH_4^+－N）	常规施肥区	0.026
		不施肥区	0.025
肥料流失系数	总氮（%）		0.675

（1）测算本系数的农田基本信息：

土壤类型：栗钙土、灌淤土、潮土、灰钙土、风沙土、黑垆土。

土壤质地：沙壤、中壤、轻壤。

肥力水平：中、低、高。

土壤养分：全氮含量平均为 13.63g/kg、硝态氮含量平均为 17.84mg/kg、有机质含量平均为 8.66g/kg、全磷含量平均为 0.41g/kg。

作物种类：小麦、籽用油菜、玉米、蚕豆。

总施氮量：14.99（以 N 计，kg/亩）（含有机肥氮和化肥氮）。

总施磷量：6.50（以 P_2O_5 计，kg/亩）（含有机肥磷和化肥磷）。

（2）注意事项：适合本模式，但未能完全满足以上条件的农田，可对照本模式下的相应参数，通过修正来确定需要测算的农田氮、磷流失系数。

模式 19 西北干旱半干旱平原区-平地-旱地-棉花

模式参数	所属分区		西北干旱半干旱平原区
	土地利用方式		旱地
	种植模式		棉花
流失量（kg/亩）	总氮（TN）	常规施肥区	0.479
		不施肥区	0.428
	硝态氮（NO_3^-－N）	常规施肥区	0.144
		不施肥区	0.193
	铵态氮（NH_4^+－N）	常规施肥区	0.003
		不施肥区	0.002
肥料流失系数	总氮（%）		0.561

（1）测算本系数的农田基本信息：

土壤类型：盐土、棕漠土。

土壤质地：中壤、重壤。

肥力水平：中。

土壤养分：全氮含量平均为 0.95g/kg、硝态氮含量平均为 16.71mg/kg、有机质含量平均为 14.39g/kg、全磷含量平均为 0.62g/kg。

作物种类：棉花。

总施氮量：15.70（以 N 计，kg/亩）（含有机肥氮和化肥氮）。

总施磷量：13.74（以 P_2O_5计，kg/亩）（含有机肥磷和化肥磷）。

（2）注意事项：适合本模式，但未能完全满足以上条件的农田，可对照本模式下的相应参数，通过修正来确定需要测算的农田氮、磷流失系数。

模式 20　西北干旱半干旱平原区-平地-旱地-露地蔬菜

模式参数	所属分区		西北干旱半干旱平原区
	土地利用方式		旱地
	种植模式		露地蔬菜
流失量（kg/亩）	总氮（TN）	常规施肥区	0.628
		不施肥区	0.212
	硝态氮（NO_3^-－N）	常规施肥区	0.293
		不施肥区	0.114
	铵态氮（NH_4^+－N）	常规施肥区	0.012
		不施肥区	0.005
肥料流失系数	总氮（%）		3.361

（1）测算本系数的农田基本信息：

土壤类型：风沙土、盐土。

土壤质地：沙土、沙壤、轻壤。

肥力水平：中、低。

土壤养分：全氮含量平均为 10.17g/kg、硝态氮含量平均为 31.50mg/kg、有机质含量平均为 14.06g/kg、全磷含量平均为 0.67g/kg。

作物种类：番茄、辣椒等瓜果类蔬菜。

总施氮量：52.07（以 N 计，kg/亩）（含有机肥氮和化肥氮）。

总施磷量：12.14（以 P_2O_5 计，kg/亩）（含有机肥磷和化肥磷）。

（2）注意事项：适合本模式，但未能完全满足以上条件的农田，可对照本模式下的相应参数，通过修正来确定需要测算的农田氮、磷流失系数。

模式 21 西北干旱半干旱平原区-平地-旱地-保护地

模式参数	所属分区		西北干旱半干旱平原区
	土地利用方式		旱地
	种植模式		保护地
流失量（kg/亩）	总氮（TN）	常规施肥区	3.401
		不施肥区	2.728
	硝态氮（NO_3^-－N）	常规施肥区	2.736
		不施肥区	2.106
	铵态氮（NH_4^+－N）	常规施肥区	0.084
		不施肥区	0.021
肥料流失系数	总氮（%）		1.993

（1）测算本系数的农田基本信息：

土壤类型：灌淤土、灰钙土。

土壤质地：沙壤。

肥力水平：中、高。

作物种类：根茎叶类蔬菜、番茄、黄瓜。

总施氮量：41.45（以 N 计，kg/亩）（含有机肥氮和化肥氮）。

总施磷量：34.58（以 P_2O_5计，kg/亩）（含有机肥磷和化肥磷）。

（2）注意事项：适合本模式，但未能完全满足以上条件的农田，可对照本模式下的相应参数，通过修正来确定需要测算的农田氮、磷流失系数。

模式 22　西北干旱半干旱平原区-平地-旱地-园地

模式参数	所属分区		西北干旱半干旱平原区
	土地利用方式		旱地
	种植模式		园地
流失量（kg/亩）	总氮（TN）	常规施肥区	0.791
		不施肥区	0.452
	硝态氮（NO_3^-－N）	常规施肥区	0.451
		不施肥区	0.323
	铵态氮（NH_4^+－N）	常规施肥区	0.033
		不施肥区	0.024
肥料流失系数	总氮（%）		1.322

（1）测算本系数的农田基本信息：

土壤类型：灰钙土、垆土、风沙土。

土壤质地：沙壤、中壤。

肥力水平：中、低。

土壤养分：全氮含量平均为 0.69g/kg、硝态氮含量平均为 11.71mg/kg、有机质含量平均为 18.14g/kg、全磷含量平均为 0.90g/kg。

作物种类：葡萄、梨等落叶果树。

总施氮量：29.76（以 N 计，kg/亩）（含有机肥氮和化肥氮）。

总施磷量：42.73（以 P_2O_5计，kg/亩）（含有机肥磷和化肥磷）。

（2）注意事项：适合本模式，但未能完全满足以上条件的农田，可对照本模式下的相应参数，通过修正来确定需要测算的农田氮、磷流失系数。

模式 23　西北干旱半干旱平原区-平地-旱地-大田两熟及以上

模式参数	所属分区		西北干旱半干旱平原区
	土地利用方式		旱地
	种植模式		大田两熟及以上
流失量（kg/亩）	总氮（TN）	常规施肥区	0.469
		不施肥区	0.282
	硝态氮（NO_3^-－N）	常规施肥区	0.197
		不施肥区	0.073
	铵态氮（NH_4^+－N）	常规施肥区	0.012
		不施肥区	0.010
肥料流失系数	总氮（%）		0.472

（1）测算本系数的农田基本信息：

土壤类型：灌淤土、垆土。

土壤质地：中壤、轻壤。

肥力水平：中。

作物种类：小麦、玉米。

总施氮量：37.20（以 N 计，kg/亩）（含有机肥氮和化肥氮）。

总施磷量：14.43（以 P_2O_5计，kg/亩）（含有机肥磷和化肥磷）。

（2）注意事项：适合本模式，但未能完全满足以上条件的农田，可对照本模式下的相应参数，通过修正来确定需要测算的农田氮、磷流失系数。

模式 24　西北干旱半干旱平原区-平地-旱地-非灌区-园地

模式参数	所属分区		西北干旱半干旱平原区
	土地利用方式		旱地-非灌区
	种植模式		园地
流失量（kg/亩）	总氮（TN）	常规施肥区	0.000
		不施肥区	0.000
	硝态氮（NO_3^-－N）	常规施肥区	—
		不施肥区	—
	铵态氮（NH_4^+－N）	常规施肥区	—
		不施肥区	—
肥料流失系数	总氮（%）		0.000

（1）测算本系数的农田基本信息：

土壤类型：灰钙土、棕漠土。

土壤质地：沙壤、中壤。

肥力水平：中、低。

土壤养分：全氮含量平均为 0.69g/kg、硝态氮含量平均为 11.71mg/kg、有机质含量平均为 18.14g/kg、全磷含量平均为 0.90g/kg。

作物种类：葡萄、梨等落叶果树。

总施氮量：32.40（以 N 计，kg/亩）（含有机肥氮和化肥氮）。

总施磷量：17.98（以 P_2O_5 计，kg/亩）（含有机肥磷和化肥磷）。

（2）注意事项：适合本模式，但未能完全满足以上条件的农田，可对照本模式下的相应参数，通过修正来确定需要测算的农田氮、磷流失系数。

模式 25　西北干旱半干旱平原区-平地-旱地-非灌区-大田一熟

模式参数	所属分区		西北干旱半干旱平原区
	土地利用方式		旱地-非灌区
	种植模式		大田一熟
流失量（kg/亩）	总氮（TN）	常规施肥区	0.000
		不施肥区	0.000
	硝态氮（NO_3^- －N）	常规施肥区	—
		不施肥区	—
	铵态氮（NH_4^+ －N）	常规施肥区	—
		不施肥区	—
肥料流失系数	总氮（%）		0.000

（1）测算本系数的农田基本信息：

土壤类型：灰钙土。

土壤质地：沙壤。

肥力水平：中、低、高。

作物种类：小麦、玉米。

总施氮量：14.10（以 N 计，kg/亩）（含有机肥氮和化肥氮）。

总施磷量：4.58（以 P_2O_5计，kg/亩）（含有机肥磷和化肥磷）。

（2）注意事项：适合本模式，但未能完全满足以上条件的农田，可对照本模式下的相应参数，通过修正来确定需要测算的农田氮、磷流失系数。

模式 26　西北干旱半干旱平原区-平地-旱地-非灌区-棉花

模式参数	所属分区		西北干旱半干旱平原区
	土地利用方式		旱地-非灌区
	种植模式		棉花
流失量（kg/亩）	总氮（TN）	常规施肥区	—
		不施肥区	—
	硝态氮（$NO_3^- - N$）	常规施肥区	—
		不施肥区	—
	铵态氮（$NH_4^+ - N$）	常规施肥区	—
		不施肥区	—
肥料流失系数	总氮（%）		0.000

（1）备注：参考西北干旱半干旱平原区-平地-旱地-非灌区-大田一熟模式的参数。

（2）注意事项：适合本模式，但未能完全满足以上条件的农田，可对照本模式下的相应参数，通过修正来确定需要测算的农田氮、磷流失系数。

模式 27 西北干旱半干旱平原区-平地-旱地-非灌区-大田两熟及以上

模式参数	所属分区		西北干旱半干旱平原区
	土地利用方式		旱地-非灌区
	种植模式		大田两熟及以上
流失量（kg/亩）	总氮（TN）	常规施肥区	—
		不施肥区	—
	硝态氮（NO_3^- －N）	常规施肥区	—
		不施肥区	—
	铵态氮（NH_4^+ －N）	常规施肥区	—
		不施肥区	—
肥料流失系数	总氮（%）		0.000

（1）备注：参考西北干旱半干旱平原区-平地-旱地-非灌区-大田一熟与园地模式的参数。

（2）注意事项：适合本模式，但未能完全满足以上条件的农田，可对照本模式下的相应参数，通过修正来确定需要测算的农田氮、磷流失系数。

模式 28　西北干旱半干旱平原区-平地-旱地-非灌区-露地蔬菜

模式参数	所属分区		西北干旱半干旱平原区
	土地利用方式		旱地-非灌区
	种植模式		露地蔬菜
流失量（kg/亩）	总氮（TN）	常规施肥区	—
		不施肥区	—
	硝态氮（$NO_3^- - N$）	常规施肥区	—
		不施肥区	—
	铵态氮（$NH_4^+ - N$）	常规施肥区	—
		不施肥区	—
肥料流失系数	总氮（%）		0.000

（1）备注：参考西北干旱半干旱平原区-平地-旱地-非灌区-大田一熟与园地模式的参数。

（2）注意事项：适合本模式，但未能完全满足以上条件的农田，可对照本模式下的相应参数，通过修正来确定需要测算的农田氮、磷流失系数。

第二部分

农田农药排放系数

第一章　农田农药排放系数测算

农田农药排放系数测算目的在于准确测算出全国各大区域种植业在生产过程中的农药施用情况、流失量、流失系数和流失规律。该系数为顺利推进全国农业污染普查工作、准确测算全国农药污染负荷、摸清农药污染底数提供了依据，为下一步开展农业生产过程中的农药污染控制技术研究和政府制定农业环境保护政策奠定了基础。

第一节　农田农药排放系数测算依据

一、农田农药排放系数测算思路

在收集分析国内外农田面源污染排放系数研究方法结果和全国农业种植区划及优势农产品布局等资料的基础上，依据地形地貌、气象条件、种植制度、土壤类型、耕作方式等参数在全国设置典型农田地块作为定位监测点，通过1周年针对农田地表径流和地下淋溶的连续监测、样品采集化验和数据资料的汇总分析，测算不同模式下农田农药流失系数。

二、地表径流和地下淋溶监测方法

农药监测试验共设试验点372个，全国各个省、市、区基本上均有分布，监测周期为1年，地下淋溶监测试验和地表径流监测试验均设置两个处理，分别为：

（1）处理1（对照处理）：可以施用低毒、易降解的农药，但不可施用毒性高、难降解的农药（如毒死蜱、阿特拉津、氟虫腈、吡虫啉、克百威、2,4-D丁酯、涕灭威、丁草胺、乙草胺等）。

（2）处理2（常规处理）：农药的施用量、施用方法和施用时期完全遵照当地农民生产习惯。

三、农田农药排放系数计算方法

1. 农药流失量测算方法　以地表径流（或地下淋溶）途径流失的农药量等于整个监测周期中（一个完整的周年）各次径流水中农药浓度与径流水（或淋溶水）体积乘积之和。计算公式如下：

$$P=\sum_{i=1}^{n}c_i\times V_i\times 666.7/(1\ 000\times S)$$

式中：P——农药有效成分流失量，g/亩；

c_i——第 i 次径流（或淋溶）水中农药的浓度，mg/L；

V_i——第 i 次径流（或淋溶）水的体积，L；

S——试验小区面积，m^2；

n——径流（或淋溶）水采样次数。

2. 农药流失系数计算 农药流失系数以流失率（R_p,%）表示，计算公式如下：

$$R_p=\frac{P_t-P_{ck}}{D}\times 100\%$$

式中：P_t——常规处理农药有效成分流失量，g/亩；

P_{ck}——对照处理农药流失量，g/亩；

D——农药施用量，g/亩。

第二节　相关名词解释

一、农药

本系数手册的农药包括：毒死蜱、阿特拉津、氟虫腈、吡虫啉、克百威、2,4-D丁酯、敌敌畏、三硫磷、辛硫磷、丁草胺、乙草胺、异丙隆等12种农药。

二、监测类型

指农田农药的2种主要排放途径，即地表径流和地下淋溶两种。

三、所属分区

本系数手册分区依据我国种植业区划的分区原则，将监测区域分为6类：北方高原山地区、东北半湿润平原区、黄淮海半湿润平原区、南方山地丘陵区、南方湿润平原区、西北干旱半干旱平原区。

四、地形

指监测田块所处的地形坡度，坡度≤5°为平地；坡度5°～15°为缓坡地；坡度>15°为陡坡地。

五、梯田/非梯田

梯田是在坡地上分段沿等高线建造的阶梯式农田，是治理坡耕地水土流失的有效措施，蓄水、保土、增产作用十分显著。梯田的通风透光条件较好，有利于作物生长和营养物质的积累。按田面坡度不同而有水平梯田、坡式梯田、复式梯田等。

六、种植方向

指在缓坡或陡坡地中，作物种植方向与地块坡度方向垂直的种植方式为横坡种植，作物种植方向与地块坡度方向平行的种植方式为顺坡种植。

七、土地利用方式

土地利用类型：指土地利用方式相同的土地资源单元，是根据土地利用的地域差异划分的，是反映土地用途、性质及其分布规律的基本地域单位。是人类在改造利用土地进行生产和建设的过程中所形成的各种具有不同利用方向和特点的土地利用类别。这里主要包括保护地、旱地、露地蔬菜、水田、园地等。

八、种植模式

依据地域分区、地形、土地利用类型、作物等划分的特定的作物生产方式。

九、产流量

农田地表径流（或地下淋溶）途径流失水量，单位 mm。

十、农药施用量

单位面积农田某种农药的施用量，以有效成分（a. i.）计，单位为 g/亩。

十一、常规流失量

监测田间试验方案中常规处理农药的流失量，单位为 g/亩。

十二、对照流失量

监测田间试验方案中对照处理的农药流失量，单位为 g/亩。

十三、相对流失量

试验方案中常规处理农药流失量与对照处理流失量的差值，单位为 g/亩。

十四、流失系数

农药常规处理流失量与对照处理流失量之差占农药施用量的百分数，单位为%。

第三节　农田农药排放系数使用方法

第一步：查询监测农药名称；

第二步：查询农药排放途径，即监测类型（地表径流或地下淋溶）；

第三步：在查询目录里找到当地所归属的地域分区字段；

第四步：查询所监测的地块地形；

第五步：查询所监测的地块是否属于梯田；

第六步：查询所监测的地块的种植方向；

第七步：查询所监测的地块土地类型；

第八步：查询所监测的地块的种植类型。

在查询目录里找到以上字段组成的模式对应的系数序号，再找到对应页码即可。

第二章　毒 死 蜱

第一节　地表径流

模式 1　北方高原山地区-陡坡地-非梯田-横坡-旱地-大田一熟

模式参数	所属分区	北方高原山地区
	地形	陡坡地
	梯田/非梯田	非梯田
	种植方向	横坡
	土地利用方式	旱地
	种植模式	大田一熟
农药流失参数	产流量（mm）	3
	施用量（g/亩，以有效成分计）	50.00
	常规流失量（g/亩，以有效成分计）	0.003 8
	对照流失量（g/亩，以有效成分计）	未检出
	相对流失量（g/亩，以有效成分计）	0.003 8
	流失系数（%）	0.007 7

（1）测算本系数的农田基本信息：

土壤质地：轻壤。

土壤类型：褐土。

肥力水平：中。

作物种类：马铃薯。

（2）注意事项：未能满足以上条件的农田，可对照本模式下的相应参数，查找与之相近的模式下农药流失系数，确定所需模式下的农药流失系数。

表中“未检出”是指农药流失检测待测液中相应农药含量低于仪器检测限，当前仪器精度下无有效检测结果的情况（下同）。

模式 2　北方高原山地区-缓坡地-非梯田-横坡-旱地-大田一熟

模式参数	所属分区	北方高原山地区
	地形	缓坡地
	梯田/非梯田	非梯田
	种植方向	横坡
	土地利用方式	旱地
	种植模式	大田一熟
农药流失参数	产流量（mm）	30
	施用量（g/亩，以有效成分计）	85.10
	常规流失量（g/亩，以有效成分计）	0.024 4
	对照流失量（g/亩，以有效成分计）	未检出
	相对流失量（g/亩，以有效成分计）	0.024 4
	流失系数（%）	0.061 0

（1）测算本系数的农田基本信息：

土壤质地：黏土。

土壤类型：潮土、黄绵土。

肥力水平：中。

作物种类：大豆、玉米。

（2）注意事项：未能满足以上条件的农田，可对照本模式下的相应参数，查找与之相近的模式下农药流失系数，确定所需模式下的农药流失系数。

模式 3　北方高原山地区-缓坡地-梯田-旱地-大田两熟及以上

模式参数	所属分区	北方高原山地区
	地形	缓坡地
	梯田/非梯田	梯田
	种植方向	—
	土地利用方式	旱地
	种植模式	大田两熟及以上
农药流失参数	产流量（mm）	139
	施用量（g/亩，以有效成分计）	32.00
	常规流失量（g/亩，以有效成分计）	未检出
	对照流失量（g/亩，以有效成分计）	未检出
	相对流失量（g/亩，以有效成分计）	0.000 0
	流失系数（%）	0.000 0

（1）测算本系数的农田基本信息：

土壤质地：轻壤。

土壤类型：褐土。

肥力水平：中。

作物种类：小麦、玉米。

（2）注意事项：未能满足以上条件的农田，可对照本模式下的相应参数，查找与之相近的模式下农药流失系数，确定所需模式下的农药流失系数。

模式 4　北方高原山地区-缓坡地-梯田-旱地-大田一熟

模式参数	所属分区	北方高原山地区
	地形	缓坡地
	梯田/非梯田	梯田
	种植方向	—
	土地利用方式	旱地
	种植模式	大田一熟
农药流失参数	产流量（mm）	106
	施用量（g/亩，以有效成分计）	125.00
	常规流失量（g/亩，以有效成分计）	未检出
	对照流失量（g/亩，以有效成分计）	未检出
	相对流失量（g/亩，以有效成分计）	0.000 0
	流失系数（%）	0.000 0

（1）测算本系数的农田基本信息：

土壤质地：轻壤。

土壤类型：棕壤。

肥力水平：中。

作物种类：花生。

（2）注意事项：未能满足以上条件的农田，可对照本模式下的相应参数，查找与之相近的模式下农药流失系数，确定所需模式下的农药流失系数。

模式 5　东北半湿润平原区-平地-水田-单季稻

模式参数	所属分区	东北半湿润平原区
	地形	平地
	梯田/非梯田	—
	种植方向	—
	土地利用方式	水田
	种植模式	单季稻
农药流失参数	产流量（mm）	32
	施用量（g/亩，以有效成分计）	150.00
	常规流失量（g/亩，以有效成分计）	未检出
	对照流失量（g/亩，以有效成分计）	未检出
	相对流失量（g/亩，以有效成分计）	0.000 0
	流失系数（%）	0.000 0

（1）测算本系数的农田基本信息：

土壤质地：黏土。

土壤类型：水稻土。

肥力水平：中。

作物种类：水稻。

（2）注意事项：未能满足以上条件的农田，可对照本模式下的相应参数，查找与之相近的模式下农药流失系数，确定所需模式下的农药流失系数。

模式6　黄淮海半湿润平原区-平地-水田-单季稻

模式参数	所属分区	黄淮海半湿润平原区
	地形	平地
	梯田/非梯田	—
	种植方向	—
	土地利用方式	水田
	种植模式	单季稻
农药流失参数	产流量（mm）	389
	施用量（g/亩，以有效成分计）	260.00
	常规流失量（g/亩，以有效成分计）	未检出
	对照流失量（g/亩，以有效成分计）	未检出
	相对流失量（g/亩，以有效成分计）	0.000 0
	流失系数（%）	0.000 0

（1）测算本系数的农田基本信息：

土壤质地：重壤。

土壤类型：潮土。

肥力水平：中。

作物种类：水稻。

（2）注意事项：未能满足以上条件的农田，可对照本模式下的相应参数，查找与之相近的模式下农药流失系数，确定所需模式下的农药流失系数。

模式 7　南方山地丘陵区-陡坡地-非梯田-横坡-旱地-大田一熟

模式参数	所属分区	南方山地丘陵区
	地形	陡坡地
	梯田/非梯田	非梯田
	种植方向	横坡
	土地利用方式	旱地
	种植模式	大田一熟
农药流失参数	产流量（mm）	48
	施用量（g/亩，以有效成分计）	96.00
	常规流失量（g/亩，以有效成分计）	未检出
	对照流失量（g/亩，以有效成分计）	未检出
	相对流失量（g/亩，以有效成分计）	0.000 0
	流失系数（%）	0.000 0

（1）测算本系数的农田基本信息：

土壤质地：重壤。

土壤类型：黄壤。

肥力水平：中。

作物种类：玉米。

（2）注意事项：未能满足以上条件的农田，可对照本模式下的相应参数，查找与之相近的模式下农药流失系数，确定所需模式下的农药流失系数。

模式 8　南方山地丘陵区-陡坡地-非梯田-横坡-旱地-园地

模式参数	所属分区	南方山地丘陵区
	地形	陡坡地
	梯田/非梯田	非梯田
	种植方向	横坡
	土地利用方式	旱地
	种植模式	园地
农药流失参数	产流量（mm）	18
	施用量（g/亩，以有效成分计）	100.00
	常规流失量（g/亩，以有效成分计）	未检出
	对照流失量（g/亩，以有效成分计）	未检出
	相对流失量（g/亩，以有效成分计）	0.000 0
	流失系数（%）	0.000 0

（1）测算本系数的农田基本信息：

土壤质地：轻壤。

土壤类型：黄壤。

肥力水平：中。

作物种类：茶。

（2）注意事项：未能满足以上条件的农田，可对照本模式下的相应参数，查找与之相近的模式下农药流失系数，确定所需模式下的农药流失系数。

模式 9　南方山地丘陵区-陡坡地-非梯田-顺坡-旱地-大田两熟及以上

模式参数	所属分区	南方山地丘陵区
	地形	陡坡地
	梯田/非梯田	非梯田
	种植方向	顺坡
	土地利用方式	旱地
	种植模式	大田两熟及以上
农药流失参数	产流量（mm）	71
	施用量（g/亩，以有效成分计）	250.00
	常规流失量（g/亩，以有效成分计）	未检出
	对照流失量（g/亩，以有效成分计）	未检出
	相对流失量（g/亩，以有效成分计）	0.000 0
	流失系数（%）	0.000 0

（1）测算本系数的农田基本信息：

土壤质地：中壤。

土壤类型：红壤。

肥力水平：中。

作物种类：豌豆、玉米。

（2）注意事项：未能满足以上条件的农田，可对照本模式下的相应参数，查找与之相近的模式下农药流失系数，确定所需模式下的农药流失系数。

模式 10　南方山地丘陵区-陡坡地-非梯田-顺坡-旱地-大田一熟

模式参数	所属分区	南方山地丘陵区
	地形	陡坡地
	梯田/非梯田	非梯田
	种植方向	顺坡
	土地利用方式	旱地
	种植模式	大田一熟
农药流失参数	产流量（mm）	218
	施用量（g/亩，以有效成分计）	85.00
	常规流失量（g/亩，以有效成分计）	未检出
	对照流失量（g/亩，以有效成分计）	未检出
	相对流失量（g/亩，以有效成分计）	0.000 0
	流失系数（%）	0.000 0

（1）测算本系数的农田基本信息：

土壤质地：沙土、中壤。

土壤类型：紫色土、红壤。

肥力水平：中。

作物种类：小麦、雪莲果。

（2）注意事项：未能满足以上条件的农田，可对照本模式下的相应参数，查找与之相近的模式下农药流失系数，确定所需模式下的农药流失系数。

模式 11　南方山地丘陵区-陡坡地-非梯田-顺坡-旱地-园地

模式参数	所属分区	南方山地丘陵区
	地形	陡坡地
	梯田/非梯田	非梯田
	种植方向	顺坡
	土地利用方式	旱地
	种植模式	园地
农药流失参数	产流量（mm）	13
	施用量（g/亩，以有效成分计）	75.00
	常规流失量（g/亩，以有效成分计）	未检出
	对照流失量（g/亩，以有效成分计）	未检出
	相对流失量（g/亩，以有效成分计）	0.000 0
	流失系数（%）	0.000 0

（1）测算本系数的农田基本信息：

土壤质地：沙壤。

土壤类型：黄壤。

肥力水平：低。

作物种类：常绿果树。

（2）注意事项：未能满足以上条件的农田，可对照本模式下的相应参数，查找与之相近的模式下农药流失系数，确定所需模式下的农药流失系数。

模式 12 南方山地丘陵区-陡坡地-梯田-旱地-园地

模式参数	所属分区	南方山地丘陵区
	地形	陡坡地
	梯田/非梯田	梯田
	种植方向	—
	土地利用方式	旱地
	种植模式	园地
农药流失参数	产流量（mm）	21
	施用量（g/亩，以有效成分计）	72.00
	常规流失量（g/亩，以有效成分计）	未检出
	对照流失量（g/亩，以有效成分计）	未检出
	相对流失量（g/亩，以有效成分计）	0.000 0
	流失系数（%）	0.000 0

（1）测算本系数的农田基本信息：

土壤质地：沙土。

土壤类型：红壤。

肥力水平：中。

作物种类：常绿果树。

（2）注意事项：未能满足以上条件的农田，可对照本模式下的相应参数，查找与之相近的模式下农药流失系数，确定所需模式下的农药流失系数。

模式 13　南方山地丘陵区-缓坡地-非梯田-横坡-旱地-大田两熟及以上

模式参数	所属分区	南方山地丘陵区
	地形	缓坡地
	梯田/非梯田	非梯田
	种植方向	横坡
	土地利用方式	旱地
	种植模式	大田两熟及以上
农药流失参数	产流量（mm）	57
	施用量（g/亩，以有效成分计）	133.25
	常规流失量（g/亩，以有效成分计）	未检出
	对照流失量（g/亩，以有效成分计）	未检出
	相对流失量（g/亩，以有效成分计）	0.000 0
	流失系数（%）	0.000 0

（1）测算本系数的农田基本信息：

土壤质地：黏土。

土壤类型：黄棕壤。

肥力水平：中。

作物种类：小麦、玉米。

（2）注意事项：未能满足以上条件的农田，可对照本模式下的相应参数，查找与之相近的模式下农药流失系数，确定所需模式下的农药流失系数。

模式 14　南方山地丘陵区-缓坡地-非梯田-横坡-旱地-大田一熟

模式参数	所属分区	南方山地丘陵区
	地形	缓坡地
	梯田/非梯田	非梯田
	种植方向	横坡
	土地利用方式	旱地
	种植模式	大田一熟
农药流失参数	产流量（mm）	646
	施用量（g/亩，以有效成分计）	150.00
	常规流失量（g/亩，以有效成分计）	未检出
	对照流失量（g/亩，以有效成分计）	未检出
	相对流失量（g/亩，以有效成分计）	0.000 0
	流失系数（%）	0.000 0

（1）测算本系数的农田基本信息：

土壤质地：黏土。

土壤类型：红壤。

肥力水平：中。

作物种类：甘蔗。

（2）注意事项：未能满足以上条件的农田，可对照本模式下的相应参数，查找与之相近的模式下农药流失系数，确定所需模式下的农药流失系数。

模式 15　南方山地丘陵区-缓坡地-非梯田-顺坡-旱地-大田两熟及以上

模式参数	所属分区	南方山地丘陵区
	地形	缓坡地
	梯田/非梯田	非梯田
	种植方向	顺坡
	土地利用方式	旱地
	种植模式	大田两熟及以上
农药流失参数	产流量（mm）	157
	施用量（g/亩，以有效成分计）	121.55
	常规流失量（g/亩，以有效成分计）	0.000 0
	对照流失量（g/亩，以有效成分计）	未检出
	相对流失量（g/亩，以有效成分计）	0.000 0
	流失系数（%）	0.000 0

（1）测算本系数的农田基本信息：

土壤质地：沙土、沙壤、中壤、轻壤。

土壤类型：紫色土、赤红壤、红壤、黄壤。

肥力水平：中、低。

作物种类：小麦、甘薯、玉米、大麦、烟草、马铃薯、籽用油菜、辣椒。

（2）注意事项：未能满足以上条件的农田，可对照本模式下的相应参数，查找与之相近的模式下农药流失系数，确定所需模式下的农药流失系数。

模式 16　南方山地丘陵区-缓坡地-非梯田-顺坡-旱地-园地

模式参数	所属分区	南方山地丘陵区
	地形	缓坡地
	梯田/非梯田	非梯田
	种植方向	顺坡
	土地利用方式	旱地
	种植模式	园地
农药流失参数	产流量（mm）	198
	施用量（g/亩，以有效成分计）	200.00
	常规流失量（g/亩，以有效成分计）	未检出
	对照流失量（g/亩，以有效成分计）	未检出
	相对流失量（g/亩，以有效成分计）	0.000 0
	流失系数（%）	0.000 0

（1）测算本系数的农田基本信息：

土壤质地：沙壤。

土壤类型：紫色土。

肥力水平：中。

作物种类：枇杷。

（2）注意事项：未能满足以上条件的农田，可对照本模式下的相应参数，查找与之相近的模式下农药流失系数，确定所需模式下的农药流失系数。

模式 17　南方山地丘陵区-缓坡地-梯田-旱地-大田两熟及以上

模式参数	所属分区	南方山地丘陵区
	地形	缓坡地
	梯田/非梯田	梯田
	种植方向	—
	土地利用方式	旱地
	种植模式	大田两熟及以上
农药流失参数	产流量（mm）	220
	施用量（g/亩，以有效成分计）	45.74
	常规流失量（g/亩，以有效成分计）	未检出
	对照流失量（g/亩，以有效成分计）	未检出
	相对流失量（g/亩，以有效成分计）	0.000 0
	流失系数（%）	0.000 0

（1）测算本系数的农田基本信息：

土壤质地：中壤。

土壤类型：水稻土。

肥力水平：中。

作物种类：水稻、烟草。

（2）注意事项：未能满足以上条件的农田，可对照本模式下的相应参数，查找与之相近的模式下农药流失系数，确定所需模式下的农药流失系数。

模式 18　南方山地丘陵区-缓坡地-梯田-旱地-园地

模式参数	所属分区	南方山地丘陵区
	地形	缓坡地
	梯田/非梯田	梯田
	种植方向	—
	土地利用方式	旱地
	种植模式	园地
农药流失参数	产流量（mm）	23
	施用量（g/亩，以有效成分计）	28.80
	常规流失量（g/亩，以有效成分计）	未检出
	对照流失量（g/亩，以有效成分计）	未检出
	相对流失量（g/亩，以有效成分计）	0.000 0
	流失系数（%）	0.000 0

（1）测算本系数的农田基本信息：

土壤质地：沙土。

土壤类型：红壤。

肥力水平：中。

作物种类：常绿果树。

（2）注意事项：未能满足以上条件的农田，可对照本模式下的相应参数，查找与之相近的模式下农药流失系数，确定所需模式下的农药流失系数。

模式 19　南方山地丘陵区-缓坡地-梯田-水田-单季稻

模式参数	所属分区	南方山地丘陵区
	地形	缓坡地
	梯田/非梯田	梯田
	种植方向	—
	土地利用方式	水田
	种植模式	单季稻
农药流失参数	产流量（mm）	453
	施用量（g/亩，以有效成分计）	32.00
	常规流失量（g/亩，以有效成分计）	未检出
	对照流失量（g/亩，以有效成分计）	未检出
	相对流失量（g/亩，以有效成分计）	0.000 0
	流失系数（%）	0.000 0

（1）测算本系数的农田基本信息：

土壤质地：中壤。

土壤类型：水稻土。

肥力水平：中。

作物种类：水稻。

（2）注意事项：未能满足以上条件的农田，可对照本模式下的相应参数，查找与之相近的模式下农药流失系数，确定所需模式下的农药流失系数。

模式 20　南方山地丘陵区-缓坡地-梯田-水田-稻油轮作

模式参数	所属分区	南方山地丘陵区
	地形	缓坡地
	梯田/非梯田	梯田
	种植方向	—
	土地利用方式	水田
	种植模式	稻油轮作
农药流失参数	产流量（mm）	460
	施用量（g/亩，以有效成分计）	125.00
	常规流失量（g/亩，以有效成分计）	0.091 7
	对照流失量（g/亩，以有效成分计）	未检出
	相对流失量（g/亩，以有效成分计）	0.091 7
	流失系数（%）	0.073 4

（1）测算本系数的农田基本信息：

土壤质地：轻壤。

土壤类型：水稻土。

肥力水平：中。

作物种类：水稻、籽用油菜。

（2）注意事项：未能满足以上条件的农田，可对照本模式下的相应参数，查找与之相近的模式下农药流失系数，确定所需模式下的农药流失系数。

模式 21　南方湿润平原区-平地-旱地-大田两熟及以上

模式参数	所属分区	南方湿润平原区
	地形	平地
	梯田/非梯田	—
	种植方向	—
	土地利用方式	旱地
	种植模式	大田两熟及以上
农药流失参数	产流量（mm）	98
	施用量（g/亩，以有效成分计）	330.00
	常规流失量（g/亩，以有效成分计）	未检出
	对照流失量（g/亩，以有效成分计）	未检出
	相对流失量（g/亩，以有效成分计）	0.000 0
	流失系数（%）	0.000 0

（1）测算本系数的农田基本信息：

土壤质地：黏土。

土壤类型：水稻土、赤红壤。

肥力水平：中。

作物种类：甘薯、籽用油菜、大豆、玉米。

（2）注意事项：未能满足以上条件的农田，可对照本模式下的相应参数，查找与之相近的模式下农药流失系数，确定所需模式下的农药流失系数。

模式 22　南方湿润平原区-平地-旱地-大田一熟

模式参数	所属分区	南方湿润平原区
	地形	平地
	梯田/非梯田	—
	种植方向	—
	土地利用方式	旱地
	种植模式	大田一熟
农药流失参数	产流量（mm）	114
	施用量（g/亩，以有效成分计）	334.42
	常规流失量（g/亩，以有效成分计）	0.000 0
	对照流失量（g/亩，以有效成分计）	未检出
	相对流失量（g/亩，以有效成分计）	0.000 0
	流失系数（%）	0.000 0

（1）测算本系数的农田基本信息：

土壤质地：中壤、重壤。

土壤类型：水稻土、赤红壤、黄棕壤。

肥力水平：中、高。

作物种类：甘蔗、棉花、烟草。

（2）注意事项：未能满足以上条件的农田，可对照本模式下的相应参数，查找与之相近的模式下农药流失系数，确定所需模式下的农药流失系数。

模式 23 南方湿润平原区-平地-旱地-露地蔬菜

模式参数	所属分区	南方湿润平原区
	地形	平地
	梯田/非梯田	—
	种植方向	—
	土地利用方式	旱地
	种植模式	露地蔬菜
农药流失参数	产流量（mm）	90
	施用量（g/亩，以有效成分计）	193.63
	常规流失量（g/亩，以有效成分计）	0.000 1
	对照流失量（g/亩，以有效成分计）	未检出
	相对流失量（g/亩，以有效成分计）	0.000 1
	流失系数（%）	0.000 2

（1）测算本系数的农田基本信息：

土壤质地：沙壤、中壤、轻壤。

土壤类型：赤红壤、潮土、红壤、黄壤、棕红壤。

肥力水平：中、高。

作物种类：根茎叶类蔬菜、瓜果类蔬菜。

（2）注意事项：未能满足以上条件的农田，可对照本模式下的相应参数，查找与之相近的模式下农药流失系数，确定所需模式下的农药流失系数。

模式 24　南方湿润平原区-平地-旱地-园地

模式参数	所属分区	南方湿润平原区
	地形	平地
	梯田/非梯田	—
	种植方向	—
	土地利用方式	旱地
	种植模式	园地
农药流失参数	产流量（mm）	354
	施用量（g/亩，以有效成分计）	120.87
	常规流失量（g/亩，以有效成分计）	未检出
	对照流失量（g/亩，以有效成分计）	未检出
	相对流失量（g/亩，以有效成分计）	0.000 0
	流失系数（%）	0.000 0

（1）测算本系数的农田基本信息：

土壤质地：中壤、黏土、重壤。

土壤类型：黄壤。

肥力水平：中、高。

作物种类：常绿果树、落叶果树、桑类。

（2）注意事项：未能满足以上条件的农田，可对照本模式下的相应参数，查找与之相近的模式下农药流失系数，确定所需模式下的农药流失系数。

模式 25　南方湿润平原区-平地-水田-单季稻

模式参数	所属分区	南方湿润平原区
	地形	平地
	梯田/非梯田	—
	种植方向	—
	土地利用方式	水田
	种植模式	单季稻
农药流失参数	产流量（mm）	449
	施用量（g/亩，以有效成分计）	213.78
	常规流失量（g/亩，以有效成分计）	0.001 2
	对照流失量（g/亩，以有效成分计）	未检出
	相对流失量（g/亩，以有效成分计）	0.001 2
	流失系数（%）	0.000 2

（1）测算本系数的农田基本信息：

土壤质地：沙壤、中壤、黏土、重壤。

土壤类型：水稻土。

肥力水平：中。

作物种类：水稻。

（2）注意事项：未能满足以上条件的农田，可对照本模式下的相应参数，查找与之相近的模式下农药流失系数，确定所需模式下的农药流失系数。

模式 26　南方湿润平原区-平地-水田-稻麦轮作

模式参数	所属分区	南方湿润平原区
	地形	平地
	梯田/非梯田	—
	种植方向	—
	土地利用方式	水田
	种植模式	稻麦轮作
农药流失参数	产流量（mm）	151
	施用量（g/亩，以有效成分计）	119.02
	常规流失量（g/亩，以有效成分计）	0.000 6
	对照流失量（g/亩，以有效成分计）	0.000 3
	相对流失量（g/亩，以有效成分计）	0.000 3
	流失系数（%）	0.000 6

（1）测算本系数的农田基本信息：

土壤质地：沙土、轻壤、黏土、重壤。

土壤类型：水稻土。

肥力水平：中、高。

作物种类：小麦、水稻。

（2）注意事项：未能满足以上条件的农田，可对照本模式下的相应参数，查找与之相近的模式下农药流失系数，确定所需模式下的农药流失系数。

模式 27　南方湿润平原区-平地-水田-稻油轮作

模式参数	所属分区	南方湿润平原区
	地形	平地
	梯田/非梯田	—
	种植方向	—
	土地利用方式	水田
	种植模式	稻油轮作
农药流失参数	产流量（mm）	196
	施用量（g/亩，以有效成分计）	95.66
	常规流失量（g/亩，以有效成分计）	0.000 5
	对照流失量（g/亩，以有效成分计）	未检出
	相对流失量（g/亩，以有效成分计）	0.000 5
	流失系数（%）	0.000 6

（1）测算本系数的农田基本信息：

土壤质地：中壤、轻壤、黏土、重壤。

土壤类型：水稻土、潮土、黄棕壤、黄壤。

肥力水平：中、高。

作物种类：水稻、籽用油菜。

（2）注意事项：未能满足以上条件的农田，可对照本模式下的相应参数，查找与之相近的模式下农药流失系数，确定所需模式下的农药流失系数。

模式 28　南方湿润平原区-平地-水田-其他

模式参数	所属分区	南方湿润平原区
	地形	平地
	梯田/非梯田	—
	种植方向	—
	土地利用方式	水田
	种植模式	其他
农药流失参数	产流量（mm）	314
	施用量（g/亩，以有效成分计）	180.83
	常规流失量（g/亩，以有效成分计）	0.000 1
	对照流失量（g/亩，以有效成分计）	未检出
	相对流失量（g/亩，以有效成分计）	0.000 1
	流失系数（%）	0.000 1

（1）测算本系数的农田基本信息：

土壤质地：沙壤、中壤。

土壤类型：水稻土。

肥力水平：中、高。

作物种类：水稻、蔬菜。

（2）注意事项：未能满足以上条件的农田，可对照本模式下的相应参数，查找与之相近的模式下农药流失系数，确定所需模式下的农药流失系数。

模式 29　南方湿润平原区-平地-水田-双季稻

模式参数	所属分区	南方湿润平原区
	地形	平地
	梯田/非梯田	—
	种植方向	—
	土地利用方式	水田
	种植模式	双季稻
农药流失参数	产流量（mm）	404
	施用量（g/亩，以有效成分计）	175.22
	常规流失量（g/亩，以有效成分计）	0.000 1
	对照流失量（g/亩，以有效成分计）	0.000 0
	相对流失量（g/亩，以有效成分计）	0.000 1
	流失系数（%）	0.000 1

（1）测算本系数的农田基本信息：

土壤质地：沙壤、中壤、轻壤、黏土、重壤。

土壤类型：水稻土、潮土、红壤。

肥力水平：中。

作物种类：水稻。

（2）注意事项：未能满足以上条件的农田，可对照本模式下的相应参数，查找与之相近的模式下农药流失系数，确定所需模式下的农药流失系数。

第二节　地下淋溶

模式 30　东北半湿润平原区-平地-旱地-保护地

模式参数	所属分区	东北半湿润平原区
	地形	平地
	梯田/非梯田	—
	种植方向	—
	土地利用方式	旱地
	种植模式	保护地
农药流失参数	产流量（mm）	4
	施用量（g/亩，以有效成分计）	519.40
	常规流失量（g/亩，以有效成分计）	未检出
	对照流失量（g/亩，以有效成分计）	未检出
	相对流失量（g/亩，以有效成分计）	0.000 0
	流失系数（%）	0.000 0

（1）测算本系数的农田基本信息：

土壤质地：沙壤。

土壤类型：黄棕壤、黑土。

肥力水平：中。

作物种类：根茎叶类蔬菜、瓜果类蔬菜。

（2）注意事项：未能满足以上条件的农田，可对照本模式下的相应参数，查找与之相近的模式下农药流失系数，确定所需模式下的农药流失系数。

模式 31　东北半湿润平原区-平地-旱地-春玉米

模式参数	所属分区	东北半湿润平原区
	地形	平地
	梯田/非梯田	—
	种植方向	—
	土地利用方式	旱地
	种植模式	春玉米
农药流失参数	产流量（mm）	5
	施用量（g/亩，以有效成分计）	95.00
	常规流失量（g/亩，以有效成分计）	未检出
	对照流失量（g/亩，以有效成分计）	未检出
	相对流失量（g/亩，以有效成分计）	0.000 0
	流失系数（%）	0.000 0

（1）测算本系数的农田基本信息：

土壤质地：黏土。

土壤类型：棕壤。

肥力水平：中。

作物种类：玉米。

（2）注意事项：未能满足以上条件的农田，可对照本模式下的相应参数，查找与之相近的模式下农药流失系数，确定所需模式下的农药流失系数。

模式 32　黄淮海半湿润平原区-平地-旱地-保护地

模式参数	所属分区	黄淮海半湿润平原区
	地形	平地
	梯田/非梯田	—
	种植方向	—
	土地利用方式	旱地
	种植模式	保护地
农药流失参数	产流量（mm）	116
	施用量（g/亩，以有效成分计）	110.92
	常规流失量（g/亩，以有效成分计）	0.017 7
	对照流失量（g/亩，以有效成分计）	未检出
	相对流失量（g/亩，以有效成分计）	0.017 7
	流失系数（%）	0.026 2

（1）测算本系数的农田基本信息：

土壤质地：沙壤、中壤、轻壤、黏土。

土壤类型：褐土、潮土、垆土、棕壤。

肥力水平：中、高。

作物种类：根茎叶类蔬菜、瓜果类蔬菜。

（2）注意事项：未能满足以上条件的农田，可对照本模式下的相应参数，查找与之相近的模式下农药流失系数，确定所需模式下的农药流失系数。

模式 33　黄淮海半湿润平原区-平地-旱地-大田其他两熟

模式参数	所属分区	黄淮海半湿润平原区
	地形	平地
	梯田/非梯田	—
	种植方向	—
	土地利用方式	旱地
	种植模式	大田其他两熟
农药流失参数	产流量（mm）	26
	施用量（g/亩，以有效成分计）	57.33
	常规流失量（g/亩，以有效成分计）	未检出
	对照流失量（g/亩，以有效成分计）	未检出
	相对流失量（g/亩，以有效成分计）	0.000 0
	流失系数（%）	0.000 0

（1）测算本系数的农田基本信息：

土壤质地：沙土、轻壤、黏土。

土壤类型：潮土。

肥力水平：高。

作物种类：大豆、小麦、地芸豆、玉米、根茎叶类蔬菜。

（2）注意事项：未能满足以上条件的农田，可对照本模式下的相应参数，查找与之相近的模式下农药流失系数，确定所需模式下的农药流失系数。

模式 34　黄淮海半湿润平原区-平地-旱地-大田小麦玉米两熟

模式参数	所属分区	黄淮海半湿润平原区
	地形	平地
	梯田/非梯田	—
	种植方向	—
	土地利用方式	旱地
	种植模式	大田小麦玉米两熟
农药流失参数	产流量（mm）	144
	施用量（g/亩，以有效成分计）	195.03
	常规流失量（g/亩，以有效成分计）	未检出
	对照流失量（g/亩，以有效成分计）	未检出
	相对流失量（g/亩，以有效成分计）	0.000 0
	流失系数（%）	0.000 0

（1）测算本系数的农田基本信息：

土壤质地：沙土、沙壤、中壤、轻壤、黏土。

土壤类型：褐土、潮土。

肥力水平：中、高。

作物种类：小麦、玉米。

（2）注意事项：未能满足以上条件的农田，可对照本模式下的相应参数，查找与之相近的模式下农药流失系数，确定所需模式下的农药流失系数。

模式 35　黄淮海半湿润平原区-平地-旱地-露地蔬菜

模式参数	所属分区	黄淮海半湿润平原区
	地形	平地
	梯田/非梯田	—
	种植方向	—
	土地利用方式	旱地
	种植模式	露地蔬菜
农药流失参数	产流量（mm）	57
	施用量（g/亩，以有效成分计）	365.90
	常规流失量（g/亩，以有效成分计）	未检出
	对照流失量（g/亩，以有效成分计）	未检出
	相对流失量（g/亩，以有效成分计）	0.000 0
	流失系数（%）	0.000 0

（1）测算本系数的农田基本信息：

土壤质地：沙土、中壤、轻壤、黏土。

土壤类型：褐土、潮土。

肥力水平：中、高。

作物种类：根茎叶类蔬菜、瓜果类蔬菜。

（2）注意事项：未能满足以上条件的农田，可对照本模式下的相应参数，查找与之相近的模式下农药流失系数，确定所需模式下的农药流失系数。

模式 36　黄淮海半湿润平原区-平地-旱地-园地

模式参数	所属分区	黄淮海半湿润平原区
	地形	平地
	梯田/非梯田	—
	种植方向	—
	土地利用方式	旱地
	种植模式	园地
农药流失参数	产流量（mm）	102
	施用量（g/亩，以有效成分计）	177.35
	常规流失量（g/亩，以有效成分计）	未检出
	对照流失量（g/亩，以有效成分计）	未检出
	相对流失量（g/亩，以有效成分计）	0.000 0
	流失系数（%）	0.000 0

（1）测算本系数的农田基本信息：

土壤质地：沙壤、黏土、重壤。

土壤类型：褐土、棕壤。

肥力水平：中。

作物种类：葡萄、板栗、苹果。

（2）注意事项：未能满足以上条件的农田，可对照本模式下的相应参数，查找与之相近的模式下农药流失系数，确定所需模式下的农药流失系数。

模式 37　南方湿润平原区-平地-旱地-保护地

模式参数	所属分区	南方湿润平原区
	地形	平地
	梯田/非梯田	—
	种植方向	—
	土地利用方式	旱地
	种植模式	保护地
农药流失参数	产流量（mm）	150
	施用量（g/亩，以有效成分计）	100.00
	常规流失量（g/亩，以有效成分计）	未检出
	对照流失量（g/亩，以有效成分计）	未检出
	相对流失量（g/亩，以有效成分计）	0.000 0
	流失系数（%）	0.000 0

（1）测算本系数的农田基本信息：

土壤质地：沙壤。

土壤类型：紫色土、黄壤。

肥力水平：中。

作物种类：辣椒育苗、莴笋、瓜果类蔬菜。

（2）注意事项：未能满足以上条件的农田，可对照本模式下的相应参数，查找与之相近的模式下农药流失系数，确定所需模式下的农药流失系数。

模式 38　南方湿润平原区-平地-旱地-露地蔬菜

模式参数	所属分区	南方湿润平原区
	地形	平地
	梯田/非梯田	—
	种植方向	—
	土地利用方式	旱地
	种植模式	露地蔬菜
农药流失参数	产流量（mm）	471
	施用量（g/亩，以有效成分计）	150.14
	常规流失量（g/亩，以有效成分计）	未检出
	对照流失量（g/亩，以有效成分计）	未检出
	相对流失量（g/亩，以有效成分计）	0.000 0
	流失系数（%）	0.000 0

（1）测算本系数的农田基本信息：

土壤质地：沙壤、中壤、黏土。

土壤类型：紫色土、潮土、红壤。

肥力水平：中、高。

作物种类：根茎叶类蔬菜、瓜果类蔬菜。

（2）注意事项：未能满足以上条件的农田，可对照本模式下的相应参数，查找与之相近的模式下农药流失系数，确定所需模式下的农药流失系数。

模式 39　南方湿润平原区-平地-旱地-园地

模式参数	所属分区	南方湿润平原区
	地形	平地
	梯田/非梯田	—
	种植方向	—
	土地利用方式	旱地
	种植模式	园地
农药流失参数	产流量（mm）	189
	施用量（g/亩，以有效成分计）	35.32
	常规流失量（g/亩，以有效成分计）	0.001 3
	对照流失量（g/亩，以有效成分计）	未检出
	相对流失量（g/亩，以有效成分计）	0.001 3
	流失系数（%）	0.003 7

（1）测算本系数的农田基本信息：

土壤质地：黏土。

土壤类型：黄棕壤。

肥力水平：高。

作物种类：根茎叶类蔬菜。

（2）注意事项：未能满足以上条件的农田，可对照本模式下的相应参数，查找与之相近的模式下农药流失系数，确定所需模式下的农药流失系数。

模式 40　西北干旱半干旱平原区-平地-旱地-大田两熟及以上

模式参数	所属分区	西北干旱半干旱平原区
	地形	平地
	梯田/非梯田	—
	种植方向	—
	土地利用方式	旱地
	种植模式	大田两熟及以上
农药流失参数	产流量（mm）	3
	施用量（g/亩，以有效成分计）	100.00
	常规流失量（g/亩，以有效成分计）	未检出
	对照流失量（g/亩，以有效成分计）	未检出
	相对流失量（g/亩，以有效成分计）	0.000 0
	流失系数（%）	0.000 0

（1）测算本系数的农田基本信息：

土壤质地：中壤。

土壤类型：垆土。

肥力水平：中。

作物种类：小麦、玉米。

（2）注意事项：未能满足以上条件的农田，可对照本模式下的相应参数，查找与之相近的模式下农药流失系数，确定所需模式下的农药流失系数。

模式 41　西北干旱半干旱平原区-平地-旱地-露地蔬菜

模式参数	所属分区	西北干旱半干旱平原区
	地形	平地
	梯田/非梯田	—
	种植方向	—
	土地利用方式	旱地
	种植模式	露地蔬菜
农药流失参数	产流量（mm）	58
	施用量（g/亩，以有效成分计）	175.62
	常规流失量（g/亩，以有效成分计）	未检出
	对照流失量（g/亩，以有效成分计）	未检出
	相对流失量（g/亩，以有效成分计）	0.000 0
	流失系数（%）	0.000 0

（1）测算本系数的农田基本信息：

土壤质地：沙壤、轻壤。

土壤类型：风沙土、盐土。

肥力水平：中。

作物种类：甜瓜、落叶果树、番茄、辣椒。

（2）注意事项：未能满足以上条件的农田，可对照本模式下的相应参数，查找与之相近的模式下农药流失系数，确定所需模式下的农药流失系数。

模式 42　西北干旱半干旱平原区-平地-旱地-棉花

模式参数	所属分区	西北干旱半干旱平原区
	地形	平地
	梯田/非梯田	—
	种植方向	—
	土地利用方式	旱地
	种植模式	棉花
农药流失参数	产流量（mm）	34
	施用量（g/亩，以有效成分计）	112.50
	常规流失量（g/亩，以有效成分计）	未检出
	对照流失量（g/亩，以有效成分计）	未检出
	相对流失量（g/亩，以有效成分计）	0.000 0
	流失系数（%）	0.000 0

（1）测算本系数的农田基本信息：

土壤质地：沙壤。

土壤类型：风沙土。

肥力水平：低。

作物种类：棉花。

（2）注意事项：未能满足以上条件的农田，可对照本模式下的相应参数，查找与之相近的模式下农药流失系数，确定所需模式下的农药流失系数。

模式 43　西北干旱半干旱平原区-平地-旱地-园地

模式参数	所属分区	西北干旱半干旱平原区
	地形	平地
	梯田/非梯田	—
	种植方向	—
	土地利用方式	旱地
	种植模式	园地
农药流失参数	产流量（mm）	30
	施用量（g/亩，以有效成分计）	92.39
	常规流失量（g/亩，以有效成分计）	未检出
	对照流失量（g/亩，以有效成分计）	未检出
	相对流失量（g/亩，以有效成分计）	0.000 0
	流失系数（%）	0.000 0

（1）测算本系数的农田基本信息：

土壤质地：沙壤。

土壤类型：风沙土。

肥力水平：低。

作物种类：落叶果树。

（2）注意事项：未能满足以上条件的农田，可对照本模式下的相应参数，查找与之相近的模式下农药流失系数，确定所需模式下的农药流失系数。

第三章　阿特拉津

第一节　地表径流

模式 1　北方高原山地区-缓坡地-非梯田-横坡-旱地-大田一熟

模式参数	所属分区	北方高原山地区
	地形	缓坡地
	梯田/非梯田	非梯田
	种植方向	横坡
	土地利用方式	旱地
	种植模式	大田一熟
农药流失参数	产流量（mm）	31
	施用量（g/亩，以有效成分计）	130.20
	常规流失量（g/亩，以有效成分计）	0.003 5
	对照流失量（g/亩，以有效成分计）	未检出
	相对流失量（g/亩，以有效成分计）	0.003 5
	流失系数（%）	0.002 7

（1）测算本系数的农田基本信息：

土壤质地：黏土。

土壤类型：潮土。

肥力水平：中。

作物种类：玉米。

（2）注意事项：未能满足以上条件的农田，可对照本模式下的相应参数，查找与之相近的模式下农药流失系数，确定所需模式下的农药流失系数。

模式 2　北方高原山地区-缓坡地-非梯田-顺坡-旱地-大田一熟

模式参数	所属分区	北方高原山地区
	地形	缓坡地
	梯田/非梯田	非梯田
	种植方向	顺坡
	土地利用方式	旱地
	种植模式	大田一熟
农药流失参数	产流量（mm）	165
	施用量（g/亩，以有效成分计）	75.00
	常规流失量（g/亩，以有效成分计）	未检出
	对照流失量（g/亩，以有效成分计）	未检出
	相对流失量（g/亩，以有效成分计）	0.000 0
	流失系数（%）	0.000 0

（1）测算本系数的农田基本信息：

土壤质地：中壤。

土壤类型：白浆土。

肥力水平：中。

作物种类：玉米。

（2）注意事项：未能满足以上条件的农田，可对照本模式下的相应参数，查找与之相近的模式下农药流失系数，确定所需模式下的农药流失系数。

模式3　东北半湿润平原区-平地-水田-单季稻

模式参数	所属分区	东北半湿润平原区
	地形	平地
	梯田/非梯田	—
	种植方向	—
	土地利用方式	水田
	种植模式	单季稻
农药流失参数	产流量（mm）	32
	施用量（g/亩，以有效成分计）	15.00
	常规流失量（g/亩，以有效成分计）	未检出
	对照流失量（g/亩，以有效成分计）	未检出
	相对流失量（g/亩，以有效成分计）	0.000 0
	流失系数（%）	0.000 0

（1）测算本系数的农田基本信息：

土壤质地：黏土。

土壤类型：水稻土。

肥力水平：中。

作物种类：水稻。

（2）注意事项：未能满足以上条件的农田，可对照本模式下的相应参数，查找与之相近的模式下农药流失系数，确定所需模式下的农药流失系数。

模式 4　南方湿润平原区-平地-旱地-大田两熟及以上

模式参数	所属分区	南方湿润平原区
	地形	平地
	梯田/非梯田	—
	种植方向	—
	土地利用方式	旱地
	种植模式	大田两熟及以上
农药流失参数	产流量（mm）	42
	施用量（g/亩，以有效成分计）	48.00
	常规流失量（g/亩，以有效成分计）	未检出
	对照流失量（g/亩，以有效成分计）	未检出
	相对流失量（g/亩，以有效成分计）	0.000 0
	流失系数（%）	0.000 0

（1）测算本系数的农田基本信息：

土壤质地：黏土。

土壤类型：水稻土。

肥力水平：中。

作物种类：甘薯、籽用油菜。

（2）注意事项：未能满足以上条件的农田，可对照本模式下的相应参数，查找与之相近的模式下农药流失系数，确定所需模式下的农药流失系数。

模式 5 南方湿润平原区-平地-旱地-大田一熟

模式参数	所属分区	南方湿润平原区
	地形	平地
	梯田/非梯田	—
	种植方向	—
	土地利用方式	旱地
	种植模式	大田一熟
农药流失参数	产流量（mm）	153
	施用量（g/亩，以有效成分计）	300.00
	常规流失量（g/亩，以有效成分计）	未检出
	对照流失量（g/亩，以有效成分计）	未检出
	相对流失量（g/亩，以有效成分计）	0.000 0
	流失系数（%）	0.000 0

（1）测算本系数的农田基本信息：

土壤质地：黏土。

土壤类型：赤红壤。

肥力水平：中。

作物种类：甘蔗。

（2）注意事项：未能满足以上条件的农田，可对照本模式下的相应参数，查找与之相近的模式下农药流失系数，确定所需模式下的农药流失系数。

模式6 南方湿润平原区-平地-旱地-露地蔬菜

模式参数	所属分区	南方湿润平原区
	地形	平地
	梯田/非梯田	—
	种植方向	—
	土地利用方式	旱地
	种植模式	露地蔬菜
农药流失参数	产流量（mm）	19
	施用量（g/亩，以有效成分计）	25.00
	常规流失量（g/亩，以有效成分计）	未检出
	对照流失量（g/亩，以有效成分计）	未检出
	相对流失量（g/亩，以有效成分计）	0.000 0
	流失系数（%）	0.000 0

（1）测算本系数的农田基本信息：

土壤质地：中壤。

土壤类型：潮土。

肥力水平：中。

作物种类：小青菜、蚕豆。

（2）注意事项：未能满足以上条件的农田，可对照本模式下的相应参数，查找与之相近的模式下农药流失系数，确定所需模式下的农药流失系数。

模式 7　南方湿润平原区-平地-水田-稻麦轮作

模式参数	所属分区	南方湿润平原区
	地形	平地
	梯田/非梯田	—
	种植方向	—
	土地利用方式	水田
	种植模式	稻麦轮作
农药流失参数	产流量（mm）	116
	施用量（g/亩，以有效成分计）	68.34
	常规流失量（g/亩，以有效成分计）	0.001 0
	对照流失量（g/亩，以有效成分计）	0.000 2
	相对流失量（g/亩，以有效成分计）	0.000 8
	流失系数（%）	0.001 8

（1）测算本系数的农田基本信息：

土壤质地：黏土。

土壤类型：水稻土。

肥力水平：中、高。

作物种类：小麦、水稻。

（2）注意事项：未能满足以上条件的农田，可对照本模式下的相应参数，查找与之相近的模式下农药流失系数，确定所需模式下的农药流失系数。

模式 8　南方湿润平原区-平地-水田-稻油轮作

模式参数	所属分区	南方湿润平原区
	地形	平地
	梯田/非梯田	—
	种植方向	—
	土地利用方式	水田
	种植模式	稻油轮作
农药流失参数	产流量（mm）	86
	施用量（g/亩，以有效成分计）	43.20
	常规流失量（g/亩，以有效成分计）	未检出
	对照流失量（g/亩，以有效成分计）	未检出
	相对流失量（g/亩，以有效成分计）	0.000 0
	流失系数（%）	0.000 0

（1）测算本系数的农田基本信息：

土壤质地：黏土。

土壤类型：水稻土。

肥力水平：高。

作物种类：水稻、籽用油菜。

（2）注意事项：未能满足以上条件的农田，可对照本模式下的相应参数，查找与之相近的模式下农药流失系数，确定所需模式下的农药流失系数。

第二节　地下淋溶

模式 9　东北半湿润平原区-平地-旱地-保护地

模式参数	所属分区	东北半湿润平原区
	地形	平地
	梯田/非梯田	—
	种植方向	—
	土地利用方式	旱地
	种植模式	保护地
农药流失参数	产流量（mm）	7
	施用量（g/亩，以有效成分计）	12.00
	常规流失量（g/亩，以有效成分计）	未检出
	对照流失量（g/亩，以有效成分计）	未检出
	相对流失量（g/亩，以有效成分计）	0.000 0
	流失系数（%）	0.000 0

（1）测算本系数的农田基本信息：

土壤质地：沙壤。

土壤类型：黄棕壤。

肥力水平：中。

作物种类：根茎叶类蔬菜、瓜果类蔬菜。

（2）注意事项：未能满足以上条件的农田，可对照本模式下的相应参数，查找与之相近的模式下农药流失系数，确定所需模式下的农药流失系数。

模式 10　东北半湿润平原区-平地-旱地-春玉米

模式参数	所属分区	东北半湿润平原区
	地形	平地
	梯田/非梯田	—
	种植方向	—
	土地利用方式	旱地
	种植模式	春玉米
农药流失参数	产流量（mm）	57
	施用量（g/亩，以有效成分计）	161.67
	常规流失量（g/亩，以有效成分计）	0.000 4
	对照流失量（g/亩，以有效成分计）	未检出
	相对流失量（g/亩，以有效成分计）	0.000 4
	流失系数（%）	0.000 4

（1）测算本系数的农田基本信息：

土壤质地：中壤、黏土。

土壤类型：黑土、棕壤。

肥力水平：中。

作物种类：玉米。

（2）注意事项：未能满足以上条件的农田，可对照本模式下的相应参数，查找与之相近的模式下农药流失系数，确定所需模式下的农药流失系数。

模式 11　黄淮海半湿润平原区-平地-旱地-保护地

模式参数	所属分区	黄淮海半湿润平原区
	地形	平地
	梯田/非梯田	—
	种植方向	—
	土地利用方式	旱地
	种植模式	保护地
农药流失参数	产流量（mm）	78
	施用量（g/亩，以有效成分计）	30.78
	常规流失量（g/亩，以有效成分计）	未检出
	对照流失量（g/亩，以有效成分计）	未检出
	相对流失量（g/亩，以有效成分计）	0.000 0
	流失系数（%）	0.000 0

（1）测算本系数的农田基本信息：

土壤质地：沙壤、中壤。

土壤类型：潮土。

肥力水平：中、高。

作物种类：根茎叶类蔬菜、瓜果类蔬菜。

（2）注意事项：未能满足以上条件的农田，可对照本模式下的相应参数，查找与之相近的模式下农药流失系数，确定所需模式下的农药流失系数。

模式 12　南方湿润平原区-平地-旱地-露地蔬菜

模式参数	所属分区	南方湿润平原区
	地形	平地
	梯田/非梯田	—
	种植方向	—
	土地利用方式	旱地
	种植模式	露地蔬菜
农药流失参数	产流量（mm）	258
	施用量（g/亩，以有效成分计）	25.00
	常规流失量（g/亩，以有效成分计）	未检出
	对照流失量（g/亩，以有效成分计）	未检出
	相对流失量（g/亩，以有效成分计）	0.000 0
	流失系数（%）	0.000 0

（1）测算本系数的农田基本信息：

土壤质地：中壤。

土壤类型：潮土。

肥力水平：中。

作物种类：小青菜、蚕豆。

（2）注意事项：未能满足以上条件的农田，可对照本模式下的相应参数，查找与之相近的模式下农药流失系数，确定所需模式下的农药流失系数。

第四章　氰虫腈

第一节　地表径流

模式 1　南方山地丘陵区-陡坡地-非梯田-顺坡-旱地-园地

模式参数	所属分区	南方山地丘陵区
	地形	陡坡地
	梯田/非梯田	非梯田
	种植方向	顺坡
	土地利用方式	旱地
	种植模式	园地
农药流失参数	产流量（mm）	40
	施用量（g/亩，以有效成分计）	4.55
	常规流失量（g/亩，以有效成分计）	0.000 3
	对照流失量（g/亩，以有效成分计）	未检出
	相对流失量（g/亩，以有效成分计）	0.000 3
	流失系数（%）	0.019 6

（1）测算本系数的农田基本信息：

土壤质地：沙壤。

土壤类型：黄壤。

肥力水平：低。

作物种类：常绿果树。

（2）注意事项：未能满足以上条件的农田，可对照本模式下的相应参数，查找与之相近的模式下农药流失系数，确定所需模式下的农药流失系数。

模式2　南方山地丘陵区-缓坡地-梯田-水田-单季稻

模式参数	所属分区	南方山地丘陵区
	地形	缓坡地
	梯田/非梯田	梯田
	种植方向	—
	土地利用方式	水田
	种植模式	单季稻
农药流失参数	产流量（mm）	453
	施用量（g/亩，以有效成分计）	3.20
	常规流失量（g/亩，以有效成分计）	未检出
	对照流失量（g/亩，以有效成分计）	未检出
	相对流失量（g/亩，以有效成分计）	0.000 0
	流失系数（%）	0.000 0

（1）测算本系数的农田基本信息：

土壤质地：中壤。

土壤类型：水稻土。

肥力水平：中。

作物种类：水稻。

（2）注意事项：未能满足以上条件的农田，可对照本模式下的相应参数，查找与之相近的模式下农药流失系数，确定所需模式下的农药流失系数。

模式3 南方山地丘陵区-缓坡地-梯田-水田-稻油轮作

模式参数	所属分区	南方山地丘陵区
	地形	缓坡地
	梯田/非梯田	梯田
	种植方向	—
	土地利用方式	水田
	种植模式	稻油轮作
农药流失参数	产流量（mm）	363
	施用量（g/亩，以有效成分计）	8.67
	常规流失量（g/亩，以有效成分计）	0.034 3
	对照流失量（g/亩，以有效成分计）	未检出
	相对流失量（g/亩，以有效成分计）	0.034 3
	流失系数（%）	0.545 9

（1）测算本系数的农田基本信息：

土壤质地：轻壤、重壤。

土壤类型：水稻土、黄壤。

肥力水平：中。

作物种类：水稻、籽用油菜。

（2）注意事项：未能满足以上条件的农田，可对照本模式下的相应参数，查找与之相近的模式下农药流失系数，确定所需模式下的农药流失系数。

模式 4　南方湿润平原区-平地-旱地-大田一熟

模式参数	所属分区	南方湿润平原区
	地形	平地
	梯田/非梯田	—
	种植方向	—
	土地利用方式	旱地
	种植模式	大田一熟
农药流失参数	产流量（mm）	173
	施用量（g/亩，以有效成分计）	1.50
	常规流失量（g/亩，以有效成分计）	0.000 1
	对照流失量（g/亩，以有效成分计）	未检出
	相对流失量（g/亩，以有效成分计）	0.000 1
	流失系数（%）	0.004 9

（1）测算本系数的农田基本信息：

土壤质地：沙壤。

土壤类型：红壤。

肥力水平：中。

作物种类：花生。

（2）注意事项：未能满足以上条件的农田，可对照本模式下的相应参数，查找与之相近的模式下农药流失系数，确定所需模式下的农药流失系数。

模式 5　南方湿润平原区-平地-旱地-园地

模式参数	所属分区	南方湿润平原区
	地形	平地
	梯田/非梯田	—
	种植方向	—
	土地利用方式	旱地
	种植模式	园地
农药流失参数	产流量（mm）	354
	施用量（g/亩，以有效成分计）	12.09
	常规流失量（g/亩，以有效成分计）	未检出
	对照流失量（g/亩，以有效成分计）	未检出
	相对流失量（g/亩，以有效成分计）	0.000 0
	流失系数（%）	0.000 0

（1）测算本系数的农田基本信息：

土壤质地：中壤、黏土、重壤。

土壤类型：黄壤。

肥力水平：中、高。

作物种类：常绿果树、落叶果树、桑类。、

（2）注意事项：未能满足以上条件的农田，可对照本模式下的相应参数，查找与之相近的模式下农药流失系数，确定所需模式下的农药流失系数。

模式6　南方湿润平原区-平地-水田-单季稻

模式参数	所属分区	南方湿润平原区
	地形	平地
	梯田/非梯田	—
	种植方向	—
	土地利用方式	水田
	种植模式	单季稻
农药流失参数	产流量（mm）	433
	施用量（g/亩，以有效成分计）	7.22
	常规流失量（g/亩，以有效成分计）	0.019 7
	对照流失量（g/亩，以有效成分计）	未检出
	相对流失量（g/亩，以有效成分计）	0.019 7
	流失系数（%）	0.596 6

（1）测算本系数的农田基本信息：

土壤质地：沙壤、中壤、重壤。

土壤类型：水稻土。

肥力水平：中。

作物种类：水稻。

（2）注意事项：未能满足以上条件的农田，可对照本模式下的相应参数，查找与之相近的模式下农药流失系数，确定所需模式下的农药流失系数。

模式 7　南方湿润平原区-平地-水田-稻麦轮作

模式参数	所属分区	南方湿润平原区
	地形	平地
	梯田/非梯田	—
	种植方向	—
	土地利用方式	水田
	种植模式	稻麦轮作
农药流失参数	产流量（mm）	413
	施用量（g/亩，以有效成分计）	3.29
	常规流失量（g/亩，以有效成分计）	0.006 5
	对照流失量（g/亩，以有效成分计）	0.004 9
	相对流失量（g/亩，以有效成分计）	0.001 6
	流失系数（%）	0.053 6

（1）测算本系数的农田基本信息：

土壤质地：中壤、轻壤。

土壤类型：水稻土。

肥力水平：中、高。

作物种类：小麦、水稻。

（2）注意事项：未能满足以上条件的农田，可对照本模式下的相应参数，查找与之相近的模式下农药流失系数，确定所需模式下的农药流失系数。

模式 8　南方湿润平原区-平地-水田-稻油轮作

模式参数	所属分区	南方湿润平原区
	地形	平地
	梯田/非梯田	—
	种植方向	—
	土地利用方式	水田
	种植模式	稻油轮作
农药流失参数	产流量（mm）	274
	施用量（g/亩，以有效成分计）	6.08
	常规流失量（g/亩，以有效成分计）	0.003 1
	对照流失量（g/亩，以有效成分计）	未检出
	相对流失量（g/亩，以有效成分计）	0.003 1
	流失系数（%）	0.041 2

（1）测算本系数的农田基本信息：

土壤质地：中壤、轻壤。

土壤类型：水稻土、潮土。

肥力水平：中。

作物种类：水稻、籽用油菜。

（2）注意事项：未能满足以上条件的农田，可对照本模式下的相应参数，查找与之相近的模式下农药流失系数，确定所需模式下的农药流失系数。

模式9　南方湿润平原区-平地-水田-其他

模式参数	所属分区	南方湿润平原区
	地形	平地
	梯田/非梯田	—
	种植方向	—
	土地利用方式	水田
	种植模式	其他
农药流失参数	产流量（mm）	39
	施用量（g/亩，以有效成分计）	3.00
	常规流失量（g/亩，以有效成分计）	0.000 1
	对照流失量（g/亩，以有效成分计）	未检出
	相对流失量（g/亩，以有效成分计）	0.000 1
	流失系数（%）	0.001 9

（1）测算本系数的农田基本信息：

土壤质地：沙壤。

土壤类型：水稻土。

肥力水平：中。

作物种类：水稻、玉米。

（2）注意事项：未能满足以上条件的农田，可对照本模式下的相应参数，查找与之相近的模式下农药流失系数，确定所需模式下的农药流失系数。

模式 10　南方湿润平原区-平地-水田-双季稻

模式参数	所属分区	南方湿润平原区
	地形	平地
	梯田/非梯田	—
	种植方向	—
	土地利用方式	水田
	种植模式	双季稻
农药流失参数	产流量（mm）	162
	施用量（g/亩，以有效成分计）	4.67
	常规流失量（g/亩，以有效成分计）	0.028 4
	对照流失量（g/亩，以有效成分计）	0.000 0
	相对流失量（g/亩，以有效成分计）	0.028 4
	流失系数（%）	0.511 7

（1）测算本系数的农田基本信息：

土壤质地：中壤、黏土。

土壤类型：水稻土、潮土。

肥力水平：中、高。

作物种类：水稻。

（2）注意事项：未能满足以上条件的农田，可对照本模式下的相应参数，查找与之相近的模式下农药流失系数，确定所需模式下的农药流失系数。

第二节　地下淋溶

模式 11　南方湿润平原区-平地-旱地-保护地

模式参数	所属分区	南方湿润平原区
	地形	平地
	梯田/非梯田	—
	种植方向	—
	土地利用方式	旱地
	种植模式	保护地
农药流失参数	产流量（mm）	15
	施用量（g/亩，以有效成分计）	15.00
	常规流失量（g/亩，以有效成分计）	未检出
	对照流失量（g/亩，以有效成分计）	未检出
	相对流失量（g/亩，以有效成分计）	0.000 0
	流失系数（%）	0.000 0

（1）测算本系数的农田基本信息：

土壤质地：沙壤。

土壤类型：黄壤。

肥力水平：中。

作物种类：瓜果类蔬菜。

（2）注意事项：未能满足以上条件的农田，可对照本模式下的相应参数，查找与之相近的模式下农药流失系数，确定所需模式下的农药流失系数。

模式 12　南方湿润平原区-平地-旱地-园地

模式参数	所属分区	南方湿润平原区
	地形	平地
	梯田/非梯田	—
	种植方向	—
	土地利用方式	旱地
	种植模式	园地
农药流失参数	产流量（mm）	189
	施用量（g/亩，以有效成分计）	3.53
	常规流失量（g/亩，以有效成分计）	未检出
	对照流失量（g/亩，以有效成分计）	未检出
	相对流失量（g/亩，以有效成分计）	0.000 0
	流失系数（%）	0.000 0

（1）测算本系数的农田基本信息：

土壤质地：黏土。

土壤类型：黄棕壤。

肥力水平：高。

作物种类：根茎叶类蔬菜。

（2）注意事项：未能满足以上条件的农田，可对照本模式下的相应参数，查找与之相近的模式下农药流失系数，确定所需模式下的农药流失系数。

第五章 吡 虫 啉

第一节 地表径流

模式 1 北方高原山地区-缓坡地-非梯田-横坡-旱地-园地

模式参数	所属分区	北方高原山地区
	地形	缓坡地
	梯田/非梯田	非梯田
	种植方向	横坡
	土地利用方式	旱地
	种植模式	园地
农药流失参数	产流量（mm）	6
	施用量（g/亩，以有效成分计）	8.00
	常规流失量（g/亩，以有效成分计）	未检出
	对照流失量（g/亩，以有效成分计）	未检出
	相对流失量（g/亩，以有效成分计）	0.000 0
	流失系数（%）	0.000 0

（1）测算本系数的农田基本信息：

土壤质地：沙壤。

土壤类型：褐土。

肥力水平：低。

作物种类：落叶果树。

（2）注意事项：未能满足以上条件的农田，可对照本模式下的相应参数，查找与之相近的模式下农药流失系数，确定所需模式下的农药流失系数。

模式 2　黄淮海半湿润平原区-平地-水田-单季稻

模式参数	所属分区	黄淮海半湿润平原区
	地形	平地
	梯田/非梯田	—
	种植方向	—
	土地利用方式	水田
	种植模式	单季稻
农药流失参数	产流量（mm）	188
	施用量（g/亩，以有效成分计）	4.20
	常规流失量（g/亩，以有效成分计）	未检出
	对照流失量（g/亩，以有效成分计）	未检出
	相对流失量（g/亩，以有效成分计）	0.000 0
	流失系数（%）	0.000 0

（1）测算本系数的农田基本信息：

土壤质地：重壤。

土壤类型：潮土。

肥力水平：中。

作物种类：水稻。

（2）注意事项：未能满足以上条件的农田，可对照本模式下的相应参数，查找与之相近的模式下农药流失系数，确定所需模式下的农药流失系数。

模式 3　南方山地丘陵区-陡坡地-非梯田-横坡-旱地-园地

模式参数	所属分区	南方山地丘陵区
	地形	陡坡地
	梯田/非梯田	非梯田
	种植方向	横坡
	土地利用方式	旱地
	种植模式	园地
农药流失参数	产流量（mm）	129
	施用量（g/亩，以有效成分计）	10.19
	常规流失量（g/亩，以有效成分计）	未检出
	对照流失量（g/亩，以有效成分计）	未检出
	相对流失量（g/亩，以有效成分计）	0.000 0
	流失系数（%）	0.000 0

（1）测算本系数的农田基本信息：

土壤质地：沙壤、轻壤。

土壤类型：潮土、红壤、黄壤。

肥力水平：中、低。

作物种类：茶、常绿果树。

（2）注意事项：未能满足以上条件的农田，可对照本模式下的相应参数，查找与之相近的模式下农药流失系数，确定所需模式下的农药流失系数。

模式 4　南方山地丘陵区-陡坡地-非梯田-顺坡-旱地-大田两熟及以上

模式参数	所属分区	南方山地丘陵区
	地形	陡坡地
	梯田/非梯田	非梯田
	种植方向	顺坡
	土地利用方式	旱地
	种植模式	大田两熟及以上
农药流失参数	产流量（mm）	71
	施用量（g/亩，以有效成分计）	25.00
	常规流失量（g/亩，以有效成分计）	未检出
	对照流失量（g/亩，以有效成分计）	未检出
	相对流失量（g/亩，以有效成分计）	0.000 0
	流失系数（%）	0.000 0

（1）测算本系数的农田基本信息：

土壤质地：中壤。

土壤类型：红壤。

肥力水平：中。

作物种类：豌豆、玉米。

（2）注意事项：未能满足以上条件的农田，可对照本模式下的相应参数，查找与之相近的模式下农药流失系数，确定所需模式下的农药流失系数。

模式 5　南方山地丘陵区-陡坡地-非梯田-顺坡-旱地-大田一熟

模式参数	所属分区	南方山地丘陵区
	地形	陡坡地
	梯田/非梯田	非梯田
	种植方向	顺坡
	土地利用方式	旱地
	种植模式	大田一熟
农药流失参数	产流量（mm）	28
	施用量（g/亩，以有效成分计）	12.50
	常规流失量（g/亩，以有效成分计）	未检出
	对照流失量（g/亩，以有效成分计）	未检出
	相对流失量（g/亩，以有效成分计）	0.000 0
	流失系数（%）	0.000 0

（1）测算本系数的农田基本信息：

土壤质地：中壤。

土壤类型：红壤。

肥力水平：中。

作物种类：雪莲果。

（2）注意事项：未能满足以上条件的农田，可对照本模式下的相应参数，查找与之相近的模式下农药流失系数，确定所需模式下的农药流失系数。

模式 6 南方山地丘陵区-陡坡地-梯田-旱地-园地

模式参数	所属分区	南方山地丘陵区
	地形	陡坡地
	梯田/非梯田	梯田
	种植方向	—
	土地利用方式	旱地
	种植模式	园地
农药流失参数	产流量（mm）	21
	施用量（g/亩，以有效成分计）	7.20
	常规流失量（g/亩，以有效成分计）	未检出
	对照流失量（g/亩，以有效成分计）	未检出
	相对流失量（g/亩，以有效成分计）	0.000 0
	流失系数（%）	0.000 0

（1）测算本系数的农田基本信息：

土壤质地：沙土。

土壤类型：红壤。

肥力水平：中。

作物种类：常绿果树。

（2）注意事项：未能满足以上条件的农田，可对照本模式下的相应参数，查找与之相近的模式下农药流失系数，确定所需模式下的农药流失系数。

模式 7　南方山地丘陵区-缓坡地-非梯田-横坡-旱地-园地

模式参数	所属分区	南方山地丘陵区
	地形	缓坡地
	梯田/非梯田	非梯田
	种植方向	横坡
	土地利用方式	旱地
	种植模式	园地
农药流失参数	产流量（mm）	98
	施用量（g/亩，以有效成分计）	3.03
	常规流失量（g/亩，以有效成分计）	0.000 2
	对照流失量（g/亩，以有效成分计）	0.000 2
	相对流失量（g/亩，以有效成分计）	0.000 0
	流失系数（%）	0.001 2

（1）测算本系数的农田基本信息：

土壤质地：沙壤、轻壤。

土壤类型：红壤、黄棕壤。

肥力水平：中、高。

作物种类：茶、常绿果树。

（2）注意事项：未能满足以上条件的农田，可对照本模式下的相应参数，查找与之相近的模式下农药流失系数，确定所需模式下的农药流失系数。

模式 8　南方山地丘陵区-缓坡地-非梯田-顺坡-旱地-大田两熟及以上

模式参数	所属分区	南方山地丘陵区
	地形	缓坡地
	梯田/非梯田	非梯田
	种植方向	顺坡
	土地利用方式	旱地
	种植模式	大田两熟及以上
农药流失参数	产流量（mm）	58
	施用量（g/亩，以有效成分计）	7.86
	常规流失量（g/亩，以有效成分计）	未检出
	对照流失量（g/亩，以有效成分计）	未检出
	相对流失量（g/亩，以有效成分计）	0.000 0
	流失系数（%）	0.000 0

（1）测算本系数的农田基本信息：

土壤质地：中壤、轻壤、黏土。

土壤类型：紫色土、红壤、黄壤。

肥力水平：中。

作物种类：小麦、玉米、根茎叶类蔬菜、花生、籽用油菜、辣椒。

（2）注意事项：未能满足以上条件的农田，可对照本模式下的相应参数，查找与之相近的模式下农药流失系数，确定所需模式下的农药流失系数。

模式 9　南方山地丘陵区-缓坡地-非梯田-顺坡-旱地-大田一熟

模式参数	所属分区	南方山地丘陵区
	地形	缓坡地
	梯田/非梯田	非梯田
	种植方向	顺坡
	土地利用方式	旱地
	种植模式	大田一熟
农药流失参数	产流量（mm）	34
	施用量（g/亩，以有效成分计）	4.20
	常规流失量（g/亩，以有效成分计）	0.000 9
	对照流失量（g/亩，以有效成分计）	未检出
	相对流失量（g/亩，以有效成分计）	0.000 9
	流失系数（%）	0.021 0

（1）测算本系数的农田基本信息：

土壤质地：黏土。

土壤类型：红壤。

肥力水平：中。

作物种类：烟草。

（2）注意事项：未能满足以上条件的农田，可对照本模式下的相应参数，查找与之相近的模式下农药流失系数，确定所需模式下的农药流失系数。

模式 10　南方山地丘陵区-缓坡地-非梯田-顺坡-旱地-园地

模式参数	所属分区	南方山地丘陵区
	地形	缓坡地
	梯田/非梯田	非梯田
	种植方向	顺坡
	土地利用方式	旱地
	种植模式	园地
农药流失参数	产流量（mm）	80
	施用量（g/亩，以有效成分计）	1.80
	常规流失量（g/亩，以有效成分计）	未检出
	对照流失量（g/亩，以有效成分计）	未检出
	相对流失量（g/亩，以有效成分计）	0.000 0
	流失系数（%）	0.000 0

（1）测算本系数的农田基本信息：

土壤质地：重壤。

土壤类型：黄棕壤。

肥力水平：中。

作物种类：黑莓。

（2）注意事项：未能满足以上条件的农田，可对照本模式下的相应参数，查找与之相近的模式下农药流失系数，确定所需模式下的农药流失系数。

模式 11　南方山地丘陵区-缓坡地-梯田-旱地-大田两熟及以上

模式参数	所属分区	南方山地丘陵区
	地形	缓坡地
	梯田/非梯田	梯田
	种植方向	—
	土地利用方式	旱地
	种植模式	大田两熟及以上
农药流失参数	产流量（mm）	183
	施用量（g/亩，以有效成分计）	2.40
	常规流失量（g/亩，以有效成分计）	未检出
	对照流失量（g/亩，以有效成分计）	未检出
	相对流失量（g/亩，以有效成分计）	0.000 0
	流失系数（%）	0.000 0

（1）测算本系数的农田基本信息：

土壤质地：中壤。

土壤类型：红壤。

肥力水平：中。

作物种类：花生。

（2）注意事项：未能满足以上条件的农田，可对照本模式下的相应参数，查找与之相近的模式下农药流失系数，确定所需模式下的农药流失系数。

模式 12　南方山地丘陵区-缓坡地-梯田-旱地-园地

模式参数	所属分区	南方山地丘陵区
	地形	缓坡地
	梯田/非梯田	梯田
	种植方向	—
	土地利用方式	旱地
	种植模式	园地
农药流失参数	产流量（mm）	49
	施用量（g/亩，以有效成分计）	16.62
	常规流失量（g/亩，以有效成分计）	0.004 4
	对照流失量（g/亩，以有效成分计）	未检出
	相对流失量（g/亩，以有效成分计）	0.004 4
	流失系数（%）	0.098 7

（1）测算本系数的农田基本信息：

土壤质地：沙土、沙壤。

土壤类型：潮土、红壤。

肥力水平：中。

作物种类：茶、常绿果树。

（2）注意事项：未能满足以上条件的农田，可对照本模式下的相应参数，查找与之相近的模式下农药流失系数，确定所需模式下的农药流失系数。

模式 13　南方山地丘陵区-缓坡地-梯田-水田-稻油轮作

模式参数	所属分区	南方山地丘陵区
	地形	缓坡地
	梯田/非梯田	梯田
	种植方向	—
	土地利用方式	水田
	种植模式	稻油轮作
农药流失参数	产流量（mm）	232
	施用量（g/亩，以有效成分计）	12.96
	常规流失量（g/亩，以有效成分计）	0.024 7
	对照流失量（g/亩，以有效成分计）	未检出
	相对流失量（g/亩，以有效成分计）	0.024 7
	流失系数（%）	0.190 4

（1）测算本系数的农田基本信息：

土壤质地：中壤。

土壤类型：水稻土。

肥力水平：中。

作物种类：水稻、籽用油菜。

（2）注意事项：未能满足以上条件的农田，可对照本模式下的相应参数，查找与之相近的模式下农药流失系数，确定所需模式下的农药流失系数。

模式 14　南方山地丘陵区-缓坡地-梯田-水田-双季稻

模式参数	所属分区	南方山地丘陵区
	地形	缓坡地
	梯田/非梯田	梯田
	种植方向	—
	土地利用方式	水田
	种植模式	双季稻
农药流失参数	产流量（mm）	203
	施用量（g/亩，以有效成分计）	1.00
	常规流失量（g/亩，以有效成分计）	0.002 3
	对照流失量（g/亩，以有效成分计）	未检出
	相对流失量（g/亩，以有效成分计）	0.002 3
	流失系数（%）	0.227 9

（1）测算本系数的农田基本信息：

土壤质地：轻壤。

土壤类型：水稻土。

肥力水平：中。

作物种类：水稻。

（2）注意事项：未能满足以上条件的农田，可对照本模式下的相应参数，查找与之相近的模式下农药流失系数，确定所需模式下的农药流失系数。

模式 15　南方湿润平原区-平地-旱地-大田一熟

模式参数	所属分区	南方湿润平原区
	地形	平地
	梯田/非梯田	—
	种植方向	—
	土地利用方式	旱地
	种植模式	大田一熟
农药流失参数	产流量（mm）	295
	施用量（g/亩，以有效成分计）	4.24
	常规流失量（g/亩，以有效成分计）	0.001 2
	对照流失量（g/亩，以有效成分计）	未检出
	相对流失量（g/亩，以有效成分计）	0.001 2
	流失系数（%）	0.080 0

（1）测算本系数的农田基本信息：

土壤质地：沙壤、轻壤、重壤。

土壤类型：水稻土、潮土、红壤、黄棕壤。

肥力水平：中。

作物种类：籽用油菜、花生、棉花、烟草。

（2）注意事项：未能满足以上条件的农田，可对照本模式下的相应参数，查找与之相近的模式下农药流失系数，确定所需模式下的农药流失系数。

模式 16　南方湿润平原区-平地-旱地-露地蔬菜

模式参数	所属分区	南方湿润平原区
	地形	平地
	梯田/非梯田	—
	种植方向	—
	土地利用方式	旱地
	种植模式	露地蔬菜
农药流失参数	产流量（mm）	192
	施用量（g/亩，以有效成分计）	11.38
	常规流失量（g/亩，以有效成分计）	0.029 5
	对照流失量（g/亩，以有效成分计）	0.014 4
	相对流失量（g/亩，以有效成分计）	0.015 1
	流失系数（%）	0.373 1

（1）测算本系数的农田基本信息：

土壤质地：沙壤、中壤、轻壤。

土壤类型：潮土、红壤、黄棕壤、黄壤。

肥力水平：中、高。

作物种类：根茎叶类蔬菜、籽用油菜、棉花、瓜果类蔬菜。

（2）注意事项：未能满足以上条件的农田，可对照本模式下的相应参数，查找与之相近的模式下农药流失系数，确定所需模式下的农药流失系数。

模式 17 南方湿润平原区-平地-水田-单季稻

模式参数	所属分区	南方湿润平原区
	地形	平地
	梯田/非梯田	—
	种植方向	—
	土地利用方式	水田
	种植模式	单季稻
农药流失参数	产流量（mm）	879
	施用量（g/亩，以有效成分计）	0.64
	常规流失量（g/亩，以有效成分计）	未检出
	对照流失量（g/亩，以有效成分计）	未检出
	相对流失量（g/亩，以有效成分计）	0.000 0
	流失系数（%）	0.000 0

（1）测算本系数的农田基本信息：

土壤质地：中壤。

土壤类型：水稻土。

肥力水平：中。

作物种类：水稻。

（2）注意事项：未能满足以上条件的农田，可对照本模式下的相应参数，查找与之相近的模式下农药流失系数，确定所需模式下的农药流失系数。

模式 18　南方湿润平原区-平地-水田-稻麦轮作

模式参数	所属分区	南方湿润平原区
	地形	平地
	梯田/非梯田	—
	种植方向	—
	土地利用方式	水田
	种植模式	稻麦轮作
农药流失参数	产流量（mm）	474
	施用量（g/亩，以有效成分计）	9.61
	常规流失量（g/亩，以有效成分计）	0.004 9
	对照流失量（g/亩，以有效成分计）	0.001 1
	相对流失量（g/亩，以有效成分计）	0.003 7
	流失系数（%）	0.046 8

（1）测算本系数的农田基本信息：

土壤质地：中壤。

土壤类型：砂姜黑土、水稻土。

肥力水平：中、高。

作物种类：小麦、水稻。

（2）注意事项：未能满足以上条件的农田，可对照本模式下的相应参数，查找与之相近的模式下农药流失系数，确定所需模式下的农药流失系数。

模式 19 南方湿润平原区-平地-水田-稻油轮作

模式参数	分区	南方湿润平原区
	地形	平地
	梯田/非梯田	—
	种植方向	—
	土地利用方式	水田
	种植模式	稻油轮作
农药流失参数	产流量（mm）	89
	施用量（g/亩，以有效成分计）	4.60
	常规流失量（g/亩，以有效成分计）	未检出
	对照流失量（g/亩，以有效成分计）	未检出
	相对流失量（g/亩，以有效成分计）	0.000 0
	流失系数（%）	0.000 0

（1）测算本系数的农田基本信息：

土壤质地：黏土、重壤。

土壤类型：水稻土、黄壤。

肥力水平：中。

作物种类：水稻、籽用油菜。

（2）注意事项：未能满足以上条件的农田，可对照本模式下的相应参数，查找与之相近的模式下农药流失系数，确定所需模式下的农药流失系数。

模式 20 南方湿润平原区-平地-水田-其他

模式参数	所属分区	南方湿润平原区
	地形	平地
	梯田/非梯田	—
	种植方向	—
	土地利用方式	水田
	种植模式	其他
农药流失参数	产流量（mm）	290
	施用量（g/亩，以有效成分计）	8.60
	常规流失量（g/亩，以有效成分计）	0.010 6
	对照流失量（g/亩，以有效成分计）	未检出
	相对流失量（g/亩，以有效成分计）	0.010 6
	流失系数（%）	0.367 3

（1）测算本系数的农田基本信息：

土壤质地：沙壤、中壤、黏土。

土壤类型：水稻土、潮土。

肥力水平：中、高。

作物种类：水稻、水生蔬菜、根茎叶类蔬菜、籽用油菜、玉米、蚕豆、瓜果类蔬菜。

（2）注意事项：未能满足以上条件的农田，可对照本模式下的相应参数，查找与之相近的模式下农药流失系数，确定所需模式下的农药流失系数。

模式21　南方湿润平原区-平地-水田-双季稻

模式参数	所属分区	南方湿润平原区
	地形	平地
	梯田/非梯田	—
	种植方向	—
	土地利用方式	水田
	种植模式	双季稻
农药流失参数	产流量（mm）	352
	施用量（g/亩，以有效成分计）	3.29
	常规流失量（g/亩，以有效成分计）	0.003 2
	对照流失量（g/亩，以有效成分计）	未检出
	相对流失量（g/亩，以有效成分计）	0.003 2
	流失系数（%）	0.189 4

（1）测算本系数的农田基本信息：

土壤质地：沙土、沙壤、中壤、轻壤、重壤。

土壤类型：紫色土、水稻土。

肥力水平：中、高。

作物种类：水稻。

（2）注意事项：未能满足以上条件的农田，可对照本模式下的相应参数，查找与之相近的模式下农药流失系数，确定所需模式下的农药流失系数。

第二节　地下淋溶

模式 22　东北半湿润平原区-平地-旱地-露地蔬菜

模式参数	所属分区	东北半湿润平原区
	地形	平地
	梯田/非梯田	—
	种植方向	—
	土地利用方式	旱地
	种植模式	露地蔬菜
农药流失参数	产流量（mm）	43
	施用量（g/亩，以有效成分计）	1.00
	常规流失量（g/亩，以有效成分计）	未检出
	对照流失量（g/亩，以有效成分计）	未检出
	相对流失量（g/亩，以有效成分计）	0.000 0
	流失系数（%）	0.000 0

（1）测算本系数的农田基本信息：

土壤质地：沙壤。

土壤类型：潮土。

肥力水平：中。

作物种类：瓜果类蔬菜。

（2）注意事项：未能满足以上条件的农田，可对照本模式下的相应参数，查找与之相近的模式下农药流失系数，确定所需模式下的农药流失系数。

模式 23　黄淮海半湿润平原区-平地-旱地-保护地

模式参数	所属分区	黄淮海半湿润平原区
	地形	平地
	梯田/非梯田	—
	种植方向	—
	土地利用方式	旱地
	种植模式	保护地
农药流失参数	产流量（mm）	181
	施用量（g/亩，以有效成分计）	13.31
	常规流失量（g/亩，以有效成分计）	未检出
	对照流失量（g/亩，以有效成分计）	未检出
	相对流失量（g/亩，以有效成分计）	0.000 0
	流失系数（%）	0.000 0

（1）测算本系数的农田基本信息：

土壤质地：沙壤、轻壤。

土壤类型：褐土、潮土。

肥力水平：中。

作物种类：根茎叶类蔬菜、瓜果类蔬菜。

（2）注意事项：未能满足以上条件的农田，可对照本模式下的相应参数，查找与之相近的模式下农药流失系数，确定所需模式下的农药流失系数。

模式 24　黄淮海半湿润平原区-平地-旱地-大田小麦玉米两熟

模式参数	所属分区	黄淮海半湿润平原区
	地形	平地
	梯田/非梯田	—
	种植方向	—
	土地利用方式	旱地
	种植模式	大田小麦玉米两熟
农药流失参数	产流量（mm）	20
	施用量（g/亩，以有效成分计）	4.00
	常规流失量（g/亩，以有效成分计）	未检出
	对照流失量（g/亩，以有效成分计）	未检出
	相对流失量（g/亩，以有效成分计）	0.000 0
	流失系数（%）	0.000 0

（1）测算本系数的农田基本信息：

土壤质地：轻壤。

土壤类型：褐土。

肥力水平：中。

作物种类：小麦、玉米。

（2）注意事项：未能满足以上条件的农田，可对照本模式下的相应参数，查找与之相近的模式下农药流失系数，确定所需模式下的农药流失系数。

模式 25　黄淮海半湿润平原区-平地-旱地-露地蔬菜

模式参数	所属分区	黄淮海半湿润平原区
	地形	平地
	梯田/非梯田	—
	种植方向	—
	土地利用方式	旱地
	种植模式	露地蔬菜
农药流失参数	产流量（mm）	147
	施用量（g/亩，以有效成分计）	1.00
	常规流失量（g/亩，以有效成分计）	未检出
	对照流失量（g/亩，以有效成分计）	未检出
	相对流失量（g/亩，以有效成分计）	0.000 0
	流失系数（%）	0.000 0

（1）测算本系数的农田基本信息：

土壤质地：轻壤。

土壤类型：潮土。

肥力水平：中。

作物种类：根茎叶类蔬菜。

（2）注意事项：未能满足以上条件的农田，可对照本模式下的相应参数，查找与之相近的模式下农药流失系数，确定所需模式下的农药流失系数。

模式 26　黄淮海半湿润平原区-平地-旱地-园地

模式参数	所属分区	黄淮海半湿润平原区
	地形	平地
	梯田/非梯田	—
	种植方向	—
	土地利用方式	旱地
	种植模式	园地
农药流失参数	产流量（mm）	75
	施用量（g/亩，以有效成分计）	7.97
	常规流失量（g/亩，以有效成分计）	未检出
	对照流失量（g/亩，以有效成分计）	未检出
	相对流失量（g/亩，以有效成分计）	0.000 0
	流失系数（%）	0.000 0

（1）测算本系数的农田基本信息：

土壤质地：中壤。

土壤类型：潮土。

肥力水平：中。

作物种类：落叶果树。

（2）注意事项：未能满足以上条件的农田，可对照本模式下的相应参数，查找与之相近的模式下农药流失系数，确定所需模式下的农药流失系数。

模式 27　南方湿润平原区-平地-旱地-露地蔬菜

模式参数	所属分区	南方湿润平原区
	地形	平地
	梯田/非梯田	—
	种植方向	—
	土地利用方式	旱地
	种植模式	露地蔬菜
农药流失参数	产流量（mm）	587
	施用量（g/亩，以有效成分计）	9.12
	常规流失量（g/亩，以有效成分计）	0.005 5
	对照流失量（g/亩，以有效成分计）	未检出
	相对流失量（g/亩，以有效成分计）	0.005 5
	流失系数（%）	0.384 9

（1）测算本系数的农田基本信息：

土壤质地：沙壤、中壤。

土壤类型：水稻土、红壤。

肥力水平：中。

作物种类：瓜果类蔬菜。

（2）注意事项：未能满足以上条件的农田，可对照本模式下的相应参数，查找与之相近的模式下农药流失系数，确定所需模式下的农药流失系数。

第六章　克 百 威

地表径流

模式 1　东北半湿润平原区-平地-水田-单季稻

模式参数	所属分区	东北半湿润平原区
	地形	平地
	梯田/非梯田	—
	种植方向	—
	土地利用方式	水田
	种植模式	单季稻
农药流失参数	产流量（mm）	6
	施用量（g/亩，以有效成分计）	5.25
	常规流失量（g/亩，以有效成分计）	未检出
	对照流失量（g/亩，以有效成分计）	未检出
	相对流失量（g/亩，以有效成分计）	0.000 0
	流失系数（%）	0.000 0

（1）测算本系数的农田基本信息：

土壤质地：中壤。

土壤类型：水稻土。

肥力水平：中。

作物种类：水稻。

（2）注意事项：未能满足以上条件的农田，可对照本模式下的相应参数，查找与之相近的模式下农药流失系数，确定所需模式下的农药流失系数。

模式 2 南方山地丘陵区-陡坡地-梯田-旱地-园地

模式参数	所属分区	南方山地丘陵区
	地形	陡坡地
	梯田/非梯田	梯田
	种植方向	—
	土地利用方式	旱地
	种植模式	园地
农药流失参数	产流量（mm）	21
	施用量（g/亩，以有效成分计）	72.00
	常规流失量（g/亩，以有效成分计）	未检出
	对照流失量（g/亩，以有效成分计）	未检出
	相对流失量（g/亩，以有效成分计）	0.000 0
	流失系数（%）	0.000 0

（1）测算本系数的农田基本信息：

土壤质地：沙土。

土壤类型：红壤。

肥力水平：中。

作物种类：常绿果树。

（2）注意事项：未能满足以上条件的农田，可对照本模式下的相应参数，查找与之相近的模式下农药流失系数，确定所需模式下的农药流失系数。

第七章　2,4-D丁酯

第一节　地表径流

模式1　北方高原山地区-缓坡地-非梯田-横坡-旱地-大田一熟

模式参数	所属分区	北方高原山地区
	地形	缓坡地
	梯田/非梯田	非梯田
	种植方向	横坡
	土地利用方式	旱地
	种植模式	大田一熟
农药流失参数	产流量（mm）	14
	施用量（g/亩，以有效成分计）	43.20
	常规流失量（g/亩，以有效成分计）	未检出
	对照流失量（g/亩，以有效成分计）	未检出
	相对流失量（g/亩，以有效成分计）	0.000 0
	流失系数（%）	0.000 0

（1）测算本系数的农田基本信息：

土壤质地：沙壤。

土壤类型：灰褐土。

肥力水平：低。

作物种类：小麦。

（2）注意事项：未能满足以上条件的农田，可对照本模式下的相应参数，查找与之相近的模式下农药流失系数，确定所需模式下的农药流失系数。

模式 2　南方山地丘陵区-缓坡地-非梯田-顺坡-旱地-园地

模式参数	所属分区	南方山地丘陵区
	地形	缓坡地
	梯田/非梯田	非梯田
	种植方向	顺坡
	土地利用方式	旱地
	种植模式	园地
农药流失参数	产流量（mm）	33
	施用量（g/亩，以有效成分计）	112.00
	常规流失量（g/亩，以有效成分计）	未检出
	对照流失量（g/亩，以有效成分计）	未检出
	相对流失量（g/亩，以有效成分计）	0.000 0
	流失系数（%）	0.000 0

（1）测算本系数的农田基本信息：

土壤质地：黏土。

土壤类型：赤红壤。

肥力水平：中。

作物种类：龙眼。

（2）注意事项：未能满足以上条件的农田，可对照本模式下的相应参数，查找与之相近的模式下农药流失系数，确定所需模式下的农药流失系数。

第二节　地下淋溶

模式3　东北半湿润平原区-平地-旱地-大豆

模式参数	所属分区	东北半湿润平原区
	地形	平地
	梯田/非梯田	—
	种植方向	—
	土地利用方式	旱地
	种植模式	大豆
农药流失参数	产流量（mm）	21
	施用量（g/亩，以有效成分计）	87.75
	常规流失量（g/亩，以有效成分计）	未检出
	对照流失量（g/亩，以有效成分计）	未检出
	相对流失量（g/亩，以有效成分计）	0.000 0
	流失系数（%）	0.000 0

（1）测算本系数的农田基本信息：

土壤质地：轻壤。

土壤类型：暗棕壤。

肥力水平：中。

作物种类：大豆。

（2）注意事项：未能满足以上条件的农田，可对照本模式下的相应参数，查找与之相近的模式下农药流失系数，确定所需模式下的农药流失系数。

模式 4　西北干旱半干旱平原区-平地-旱地-大田一熟

模式参数	所属分区	西北干旱半干旱平原区
	地形	平地
	梯田/非梯田	—
	种植方向	—
	土地利用方式	旱地
	种植模式	大田一熟
农药流失参数	产流量（mm）	76
	施用量（g/亩，以有效成分计）	28.80
	常规流失量（g/亩，以有效成分计）	未检出
	对照流失量（g/亩，以有效成分计）	未检出
	相对流失量（g/亩，以有效成分计）	0.000 0
	流失系数（%）	0.000 0

（1）测算本系数的农田基本信息：

土壤质地：中壤。

土壤类型：灌淤土。

肥力水平：高。

作物种类：小麦。

（2）注意事项：未能满足以上条件的农田，可对照本模式下的相应参数，查找与之相近的模式下农药流失系数，确定所需模式下的农药流失系数。

第八章 敌敌畏

地表径流

模式1 南方湿润平原区-平地-旱地-大田两熟及以上

模式参数	所属分区	南方湿润平原区
	地形	平地
	梯田/非梯田	—
	种植方向	—
	土地利用方式	旱地
	种植模式	大田两熟及以上
农药流失参数	产流量（mm）	412
	施用量（g/亩，以有效成分计）	150.00
	常规流失量（g/亩，以有效成分计）	1.079 8
	对照流失量（g/亩，以有效成分计）	未检出
	相对流失量（g/亩，以有效成分计）	1.079 8
	流失系数（%）	0.719 8

（1）测算本系数的农田基本信息：

土壤质地：黏土。

土壤类型：潮土。

肥力水平：中。

作物种类：籽用油菜、棉花。

（2）注意事项：未能满足以上条件的农田，可对照本模式下的相应参数，查找与之相近的模式下农药流失系数，确定所需模式下的农药流失系数。

第九章　三 硫 磷

地表径流

模式 1　南方湿润平原区-平地-旱地-大田两熟及以上

模式参数	所属分区	南方湿润平原区
	地形	平地
	梯田/非梯田	—
	种植方向	—
	土地利用方式	旱地
	种植模式	大田两熟及以上
农药流失参数	产流量（mm）	412
	施用量（g/亩，以有效成分计）	12.00
	常规流失量（g/亩，以有效成分计）	0.075 2
	对照流失量（g/亩，以有效成分计）	未检出
	相对流失量（g/亩，以有效成分计）	0.075 2
	流失系数（%）	0.626 9

（1）测算本系数的农田基本信息：

土壤质地：黏土。

土壤类型：潮土。

肥力水平：中。

作物种类：籽用油菜、棉花。

（2）注意事项：未能满足以上条件的农田，可对照本模式下的相应参数，查找与之相近的模式下农药流失系数，确定所需模式下的农药流失系数。

第十章　辛硫磷

地表径流

模式 1　南方湿润平原区-平地-水田-其他

模式参数	所属分区	南方湿润平原区
	地形	平地
	梯田/非梯田	—
	种植方向	—
	土地利用方式	水田
	种植模式	其他
农药流失参数	产流量（mm）	516
	施用量（g/亩，以有效成分计）	8.00
	常规流失量（g/亩，以有效成分计）	0.036 5
	对照流失量（g/亩，以有效成分计）	未检出
	相对流失量（g/亩，以有效成分计）	0.036 5
	流失系数（%）	0.456 1

（1）测算本系数的农田基本信息：

土壤质地：黏土。

土壤类型：水稻土。

肥力水平：中。

作物种类：水稻、根茎叶类蔬菜。

（2）注意事项：未能满足以上条件的农田，可对照本模式下的相应参数，查找与之相近的模式下农药流失系数，确定所需模式下的农药流失系数。

第十一章 丁草胺

第一节 地表径流

模式1 东北半湿润平原区-平地-水田-单季稻

模式参数	所属分区	东北半湿润平原区
	地形	平地
	梯田/非梯田	—
	种植方向	—
	土地利用方式	水田
	种植模式	单季稻
农药流失参数	产流量（mm）	121
	施用量（g/亩，以有效成分计）	101.25
	常规流失量（g/亩，以有效成分计）	未检出
	对照流失量（g/亩，以有效成分计）	未检出
	相对流失量（g/亩，以有效成分计）	0.000 0
	流失系数（%）	0.000 0

（1）测算本系数的农田基本信息：

土壤质地：中壤、黏土。

土壤类型：水稻土、黑土。

肥力水平：中。

作物种类：水稻。

（2）注意事项：未能满足以上条件的农田，可对照本模式下的相应参数，查找与之相近的模式下农药流失系数，确定所需模式下的农药流失系数。

模式 2　黄淮海半湿润平原区-平地-水田-单季稻

模式参数	所属分区	黄淮海半湿润平原区
	地形	平地
	梯田/非梯田	—
	种植方向	—
	土地利用方式	水田
	种植模式	单季稻
农药流失参数	产流量（mm）	188
	施用量（g/亩，以有效成分计）	42.00
	常规流失量（g/亩，以有效成分计）	未检出
	对照流失量（g/亩，以有效成分计）	未检出
	相对流失量（g/亩，以有效成分计）	0.000 0
	流失系数（%）	0.000 0

（1）测算本系数的农田基本信息：

土壤质地：重壤。

土壤类型：潮土。

肥力水平：中。

作物种类：水稻。

（2）注意事项：未能满足以上条件的农田，可对照本模式下的相应参数，查找与之相近的模式下农药流失系数，确定所需模式下的农药流失系数。

模式3　南方山地丘陵区-陡坡地-非梯田-顺坡-旱地-大田两熟及以上

模式参数	所属分区	南方山地丘陵区
	地形	陡坡地
	梯田/非梯田	非梯田
	种植方向	顺坡
	土地利用方式	旱地
	种植模式	大田两熟及以上
农药流失参数	产流量（mm）	71
	施用量（g/亩，以有效成分计）	25.00
	常规流失量（g/亩，以有效成分计）	0.001 6
	对照流失量（g/亩，以有效成分计）	未检出
	相对流失量（g/亩，以有效成分计）	0.001 6
	流失系数（%）	0.006 5

（1）测算本系数的农田基本信息：

土壤质地：中壤。

土壤类型：红壤。

肥力水平：中。

作物种类：豌豆、玉米。

（2）注意事项：未能满足以上条件的农田，可对照本模式下的相应参数，查找与之相近的模式下农药流失系数，确定所需模式下的农药流失系数。

模式 4　南方山地丘陵区-陡坡地-非梯田-顺坡-旱地-大田一熟

模式参数	所属分区	南方山地丘陵区
	地形	陡坡地
	梯田/非梯田	非梯田
	种植方向	顺坡
	土地利用方式	旱地
	种植模式	大田一熟
农药流失参数	产流量（mm）	28
	施用量（g/亩，以有效成分计）	12.50
	常规流失量（g/亩，以有效成分计）	未检出
	对照流失量（g/亩，以有效成分计）	未检出
	相对流失量（g/亩，以有效成分计）	0.000 0
	流失系数（%）	0.000 0

（1）测算本系数的农田基本信息：

土壤质地：中壤。

土壤类型：红壤。

肥力水平：中。

作物种类：雪莲果。

（2）注意事项：未能满足以上条件的农田，可对照本模式下的相应参数，查找与之相近的模式下农药流失系数，确定所需模式下的农药流失系数。

模式5　南方山地丘陵区-缓坡地-梯田-水田-稻油轮作

模式参数	所属分区	南方山地丘陵区
	地形	缓坡地
	梯田/非梯田	梯田
	种植方向	—
	土地利用方式	水田
	种植模式	稻油轮作
农药流失参数	产流量（mm）	460
	施用量（g/亩，以有效成分计）	12.50
	常规流失量（g/亩，以有效成分计）	未检出
	对照流失量（g/亩，以有效成分计）	未检出
	相对流失量（g/亩，以有效成分计）	0.000 0
	流失系数（%）	0.000 0

（1）测算本系数的农田基本信息：

土壤质地：轻壤。

土壤类型：水稻土。

肥力水平：中。

作物种类：水稻、籽用油菜。

（2）注意事项：未能满足以上条件的农田，可对照本模式下的相应参数，查找与之相近的模式下农药流失系数，确定所需模式下的农药流失系数。

模式 6 南方湿润平原区-平地-水田-稻油轮作

模式参数	所属分区	南方湿润平原区
	地形	平地
	梯田/非梯田	—
	种植方向	—
	土地利用方式	水田
	种植模式	稻油轮作
农药流失参数	产流量（mm）	432
	施用量（g/亩，以有效成分计）	40.00
	常规流失量（g/亩，以有效成分计）	未检出
	对照流失量（g/亩，以有效成分计）	未检出
	相对流失量（g/亩，以有效成分计）	0.000 0
	流失系数（%）	0.000 0

（1）测算本系数的农田基本信息：

土壤质地：黏土。

土壤类型：水稻土。

肥力水平：高。

作物种类：水稻、籽用油菜。

（2）注意事项：未能满足以上条件的农田，可对照本模式下的相应参数，查找与之相近的模式下农药流失系数，确定所需模式下的农药流失系数。

模式 7　南方湿润平原区-平地-水田-其他

模式参数	所属分区	南方湿润平原区
	地形	平地
	梯田/非梯田	—
	种植方向	—
	土地利用方式	水田
	种植模式	其他
农药流失参数	产流量（mm）	621
	施用量（g/亩，以有效成分计）	63.00
	常规流失量（g/亩，以有效成分计）	0.284 5
	对照流失量（g/亩，以有效成分计）	未检出
	相对流失量（g/亩，以有效成分计）	0.284 5
	流失系数（%）	0.351 3

（1）测算本系数的农田基本信息：

土壤质地：中壤。

土壤类型：水稻土。

肥力水平：中。

作物种类：萝卜、水稻、白菜。

（2）注意事项：未能满足以上条件的农田，可对照本模式下的相应参数，查找与之相近的模式下农药流失系数，确定所需模式下的农药流失系数。

模式8　南方湿润平原区-平地-水田-双季稻

模式参数	所属分区	南方湿润平原区
	地形	平地
	梯田/非梯田	—
	种植方向	—
	土地利用方式	水田
	种植模式	双季稻
农药流失参数	产流量（mm）	341
	施用量（g/亩，以有效成分计）	21.00
	常规流失量（g/亩，以有效成分计）	未检出
	对照流失量（g/亩，以有效成分计）	未检出
	相对流失量（g/亩，以有效成分计）	0.000 0
	流失系数（%）	0.000 0

（1）测算本系数的农田基本信息：

土壤质地：沙壤、重壤。

土壤类型：水稻土。

肥力水平：中。

作物种类：水稻。

（2）注意事项：未能满足以上条件的农田，可对照本模式下的相应参数，查找与之相近的模式下农药流失系数，确定所需模式下的农药流失系数。

第二节 地下淋溶

模式 9 东北半湿润平原区-平地-旱地-保护地

模式参数	所属分区	东北半湿润平原区
	地形	平地
	梯田/非梯田	—
	种植方向	—
	土地利用方式	旱地
	种植模式	保护地
农药流失参数	产流量（mm）	0
	施用量（g/亩，以有效成分计）	91.88
	常规流失量（g/亩，以有效成分计）	未检出
	对照流失量（g/亩，以有效成分计）	未检出
	相对流失量（g/亩，以有效成分计）	0.000 0
	流失系数（%）	0.000 0

（1）测算本系数的农田基本信息：

土壤质地：沙壤。

土壤类型：黑土。

肥力水平：中。

作物种类：瓜果类蔬菜。

（2）注意事项：未能满足以上条件的农田，可对照本模式下的相应参数，查找与之相近的模式下农药流失系数，确定所需模式下的农药流失系数。

模式 10　东北半湿润平原区-平地-旱地-春玉米

模式参数	所属分区	东北半湿润平原区
	地形	平地
	梯田/非梯田	—
	种植方向	—
	土地利用方式	旱地
	种植模式	春玉米
农药流失参数	产流量（mm）	13
	施用量（g/亩，以有效成分计）	135.00
	常规流失量（g/亩，以有效成分计）	未检出
	对照流失量（g/亩，以有效成分计）	未检出
	相对流失量（g/亩，以有效成分计）	0.000 0
	流失系数（%）	0.000 0

（1）测算本系数的农田基本信息：

土壤质地：中壤。

土壤类型：黑土。

肥力水平：中。

作物种类：玉米。

（2）注意事项：未能满足以上条件的农田，可对照本模式下的相应参数，查找与之相近的模式下农药流失系数，确定所需模式下的农药流失系数。

模式 11　黄淮海半湿润平原区-平地-旱地-保护地

模式参数	所属分区	黄淮海半湿润平原区
	地形	平地
	梯田/非梯田	—
	种植方向	—
	土地利用方式	旱地
	种植模式	保护地
农药流失参数	产流量（mm）	69
	施用量（g/亩，以有效成分计）	23.31
	常规流失量（g/亩，以有效成分计）	未检出
	对照流失量（g/亩，以有效成分计）	未检出
	相对流失量（g/亩，以有效成分计）	0.000 0
	流失系数（%）	0.000 0

（1）测算本系数的农田基本信息：

土壤质地：沙壤。

土壤类型：潮土。

肥力水平：中。

作物种类：根茎叶类蔬菜、瓜果类蔬菜。

（2）注意事项：未能满足以上条件的农田，可对照本模式下的相应参数，查找与之相近的模式下农药流失系数，确定所需模式下的农药流失系数。

模式 12 南方湿润平原区-平地-旱地-露地蔬菜

模式参数	所属分区	南方湿润平原区
	地形	平地
	梯田/非梯田	—
	种植方向	—
	土地利用方式	旱地
	种植模式	露地蔬菜
农药流失参数	产流量（mm）	553
	施用量（g/亩，以有效成分计）	35.20
	常规流失量（g/亩，以有效成分计）	0.003 6
	对照流失量（g/亩，以有效成分计）	未检出
	相对流失量（g/亩，以有效成分计）	0.003 6
	流失系数（%）	0.009 7

（1）测算本系数的农田基本信息：

土壤质地：沙壤。

土壤类型：红壤。

肥力水平：中。

作物种类：瓜果类蔬菜。

（2）注意事项：未能满足以上条件的农田，可对照本模式下的相应参数，查找与之相近的模式下农药流失系数，确定所需模式下的农药流失系数。

模式 13　西北干旱半干旱平原区-平地-旱地-园地

模式参数	所属分区	西北干旱半干旱平原区
	地形	平地
	梯田/非梯田	—
	种植方向	—
	土地利用方式	旱地
	种植模式	园地
农药流失参数	产流量（mm）	237
	施用量（g/亩，以有效成分计）	11.40
	常规流失量（g/亩，以有效成分计）	未检出
	对照流失量（g/亩，以有效成分计）	未检出
	相对流失量（g/亩，以有效成分计）	0.000 0
	流失系数（%）	0.000 0

（1）测算本系数的农田基本信息：

土壤质地：黏土。

土壤类型：棕漠土。

肥力水平：中。

作物种类：葡萄。

（2）注意事项：未能满足以上条件的农田，可对照本模式下的相应参数，查找与之相近的模式下农药流失系数，确定所需模式下的农药流失系数。

第十二章　乙 草 胺

第一节　地表径流

模式 1　北方高原山地区-陡坡地-非梯田-横坡-旱地-大田一熟

模式参数	所属分区	北方高原山地区
	地形	陡坡地
	梯田/非梯田	非梯田
	种植方向	横坡
	土地利用方式	旱地
	种植模式	大田一熟
农药流失参数	产流量（mm）	3
	施用量（g/亩，以有效成分计）	50.00
	常规流失量（g/亩，以有效成分计）	0.003 1
	对照流失量（g/亩，以有效成分计）	未检出
	相对流失量（g/亩，以有效成分计）	0.003 1
	流失系数（%）	0.006 1

（1）测算本系数的农田基本信息：

土壤质地：轻壤。

土壤类型：褐土。

肥力水平：中。

作物种类：马铃薯。

（2）注意事项：未能满足以上条件的农田，可对照本模式下的相应参数，查找与之相近的模式下农药流失系数，确定所需模式下的农药流失系数。

模式 2　北方高原山地区-陡坡地-非梯田-顺坡-旱地-大田一熟

模式参数	所属分区	北方高原山地区
	地形	陡坡地
	梯田/非梯田	非梯田
	种植方向	顺坡
	土地利用方式	旱地
	种植模式	大田一熟
农药流失参数	产流量（mm）	2
	施用量（g/亩，以有效成分计）	50.00
	常规流失量（g/亩，以有效成分计）	未检出
	对照流失量（g/亩，以有效成分计）	未检出
	相对流失量（g/亩，以有效成分计）	0.000 0
	流失系数（%）	0.000 0

（1）测算本系数的农田基本信息：

土壤质地：沙壤。

土壤类型：棕壤。

肥力水平：低。

作物种类：谷子。

（2）注意事项：未能满足以上条件的农田，可对照本模式下的相应参数，查找与之相近的模式下农药流失系数，确定所需模式下的农药流失系数。

模式 3　北方高原山地区-缓坡地-非梯田-横坡-旱地-大田一熟

模式参数	所属分区	北方高原山地区
	地形	缓坡地
	梯田/非梯田	非梯田
	种植方向	横坡
	土地利用方式	旱地
	种植模式	大田一熟
农药流失参数	产流量（mm）	30
	施用量（g/亩，以有效成分计）	40.00
	常规流失量（g/亩，以有效成分计）	0.251 9
	对照流失量（g/亩，以有效成分计）	未检出
	相对流失量（g/亩，以有效成分计）	0.251 9
	流失系数（%）	0.629 7

（1）测算本系数的农田基本信息：

土壤质地：黏土。

土壤类型：黄绵土。

肥力水平：中。

作物种类：大豆。

（2）注意事项：未能满足以上条件的农田，可对照本模式下的相应参数，查找与之相近的模式下农药流失系数，确定所需模式下的农药流失系数。

模式4 北方高原山地区-缓坡地-非梯田-顺坡-旱地-大田一熟

模式参数	所属分区	北方高原山地区
	地形	缓坡地
	梯田/非梯田	非梯田
	种植方向	顺坡
	土地利用方式	旱地
	种植模式	大田一熟
农药流失参数	产流量（mm）	165
	施用量（g/亩，以有效成分计）	75.00
	常规流失量（g/亩，以有效成分计）	未检出
	对照流失量（g/亩，以有效成分计）	未检出
	相对流失量（g/亩，以有效成分计）	0.000 0
	流失系数（%）	0.000 0

（1）测算本系数的农田基本信息：

土壤质地：中壤。

土壤类型：白浆土。

肥力水平：中。

作物种类：玉米。

（2）注意事项：未能满足以上条件的农田，可对照本模式下的相应参数，查找与之相近的模式下农药流失系数，确定所需模式下的农药流失系数。

模式 5　北方高原山地区-缓坡地-梯田-旱地-大田一熟

模式参数	所属分区	北方高原山地区
	地形	缓坡地
	梯田/非梯田	梯田
	种植方向	—
	土地利用方式	旱地
	种植模式	大田一熟
农药流失参数	产流量（mm）	106
	施用量（g/亩，以有效成分计）	125.00
	常规流失量（g/亩，以有效成分计）	0.152 4
	对照流失量（g/亩，以有效成分计）	未检出
	相对流失量（g/亩，以有效成分计）	0.152 4
	流失系数（%）	0.122 0

（1）测算本系数的农田基本信息：

土壤质地：轻壤。

土壤类型：棕壤。

肥力水平：中。

作物种类：花生。

（2）注意事项：未能满足以上条件的农田，可对照本模式下的相应参数，查找与之相近的模式下农药流失系数，确定所需模式下的农药流失系数。

模式 6　南方山地丘陵区-陡坡地-非梯田-横坡-旱地-园地

模式参数	所属分区	南方山地丘陵区
	地形	陡坡地
	梯田/非梯田	非梯田
	种植方向	横坡
	土地利用方式	旱地
	种植模式	园地
农药流失参数	产流量（mm）	124
	施用量（g/亩，以有效成分计）	85.03
	常规流失量（g/亩，以有效成分计）	未检出
	对照流失量（g/亩，以有效成分计）	未检出
	相对流失量（g/亩，以有效成分计）	0.000 0
	流失系数（%）	0.000 0

（1）测算本系数的农田基本信息：

土壤质地：沙壤。

土壤类型：砖红壤、潮土、红壤。

肥力水平：中、低。

作物种类：茶、常绿果树。

（2）注意事项：未能满足以上条件的农田，可对照本模式下的相应参数，查找与之相近的模式下农药流失系数，确定所需模式下的农药流失系数。

模式 7　南方山地丘陵区-陡坡地-非梯田-顺坡-旱地-大田一熟

模式参数	所属分区	南方山地丘陵区
	地形	陡坡地
	梯田/非梯田	非梯田
	种植方向	顺坡
	土地利用方式	旱地
	种植模式	大田一熟
农药流失参数	产流量（mm）	177
	施用量（g/亩，以有效成分计）	100.00
	常规流失量（g/亩，以有效成分计）	未检出
	对照流失量（g/亩，以有效成分计）	未检出
	相对流失量（g/亩，以有效成分计）	0.000 0
	流失系数（%）	0.000 0

（1）测算本系数的农田基本信息：

土壤质地：沙土。

土壤类型：黄棕壤。

肥力水平：低。

作物种类：花生。

（2）注意事项：未能满足以上条件的农田，可对照本模式下的相应参数，查找与之相近的模式下农药流失系数，确定所需模式下的农药流失系数。

模式 8　南方山地丘陵区-缓坡地-非梯田-横坡-旱地-园地

模式参数	所属分区	南方山地丘陵区
	地形	缓坡地
	梯田/非梯田	非梯田
	种植方向	横坡
	土地利用方式	旱地
	种植模式	园地
农药流失参数	产流量（mm）	113
	施用量（g/亩，以有效成分计）	205.13
	常规流失量（g/亩，以有效成分计）	未检出
	对照流失量（g/亩，以有效成分计）	未检出
	相对流失量（g/亩，以有效成分计）	0.000 0
	流失系数（%）	0.000 0

（1）测算本系数的农田基本信息：

土壤质地：轻壤。

土壤类型：红壤。

肥力水平：中。

作物种类：常绿果树。

（2）注意事项：未能满足以上条件的农田，可对照本模式下的相应参数，查找与之相近的模式下农药流失系数，确定所需模式下的农药流失系数。

模式 9　南方山地丘陵区-缓坡地-非梯田-顺坡-旱地-大田两熟及以上

模式参数	所属分区	南方山地丘陵区
	地形	缓坡地
	梯田/非梯田	非梯田
	种植方向	顺坡
	土地利用方式	旱地
	种植模式	大田两熟及以上
农药流失参数	产流量（mm）	89
	施用量（g/亩，以有效成分计）	100.00
	常规流失量（g/亩，以有效成分计）	未检出
	对照流失量（g/亩，以有效成分计）	未检出
	相对流失量（g/亩，以有效成分计）	0.000 0
	流失系数（%）	0.000 0

（1）测算本系数的农田基本信息：

土壤质地：黏土。

土壤类型：红壤。

肥力水平：中。

作物种类：根茎叶类蔬菜、花生。

（2）注意事项：未能满足以上条件的农田，可对照本模式下的相应参数，查找与之相近的模式下农药流失系数，确定所需模式下的农药流失系数。

模式 10　南方山地丘陵区-缓坡地-非梯田-顺坡-旱地-大田一熟

模式参数	所属分区	南方山地丘陵区
	地形	缓坡地
	梯田/非梯田	非梯田
	种植方向	顺坡
	土地利用方式	旱地
	种植模式	大田一熟
农药流失参数	产流量（mm）	44
	施用量（g/亩，以有效成分计）	25.00
	常规流失量（g/亩，以有效成分计）	未检出
	对照流失量（g/亩，以有效成分计）	未检出
	相对流失量（g/亩，以有效成分计）	0.000 0
	流失系数（%）	0.000 0

（1）测算本系数的农田基本信息：

土壤质地：沙壤。

土壤类型：黄棕壤。

肥力水平：中。

作物种类：小麦。

（2）注意事项：未能满足以上条件的农田，可对照本模式下的相应参数，查找与之相近的模式下农药流失系数，确定所需模式下的农药流失系数。

模式 11 南方山地丘陵区-缓坡地-梯田-旱地-大田两熟及以上

模式参数	所属分区	南方山地丘陵区
	地形	缓坡地
	梯田/非梯田	梯田
	种植方向	—
	土地利用方式	旱地
	种植模式	大田两熟及以上
农药流失参数	产流量（mm）	183
	施用量（g/亩，以有效成分计）	240.00
	常规流失量（g/亩，以有效成分计）	未检出
	对照流失量（g/亩，以有效成分计）	未检出
	相对流失量（g/亩，以有效成分计）	0.000 0
	流失系数（%）	0.000 0

（1）测算本系数的农田基本信息：

土壤质地：中壤。

土壤类型：红壤。

肥力水平：中。

作物种类：花生。

（2）注意事项：未能满足以上条件的农田，可对照本模式下的相应参数，查找与之相近的模式下农药流失系数，确定所需模式下的农药流失系数。

模式12　南方山地丘陵区-缓坡地-梯田-水田-单季稻

模式参数	所属分区	南方山地丘陵区
	地形	缓坡地
	梯田/非梯田	梯田
	种植方向	—
	土地利用方式	水田
	种植模式	单季稻
农药流失参数	产流量（mm）	453
	施用量（g/亩，以有效成分计）	32.00
	常规流失量（g/亩，以有效成分计）	未检出
	对照流失量（g/亩，以有效成分计）	未检出
	相对流失量（g/亩，以有效成分计）	0.000 0
	流失系数（%）	0.000 0

（1）测算本系数的农田基本信息：

土壤质地：中壤。

土壤类型：水稻土。

肥力水平：中。

作物种类：水稻。

（2）注意事项：未能满足以上条件的农田，可对照本模式下的相应参数，查找与之相近的模式下农药流失系数，确定所需模式下的农药流失系数。

模式 13　南方山地丘陵区-缓坡地-梯田-水田-稻油轮作

模式参数	所属分区	南方山地丘陵区
	地形	缓坡地
	梯田/非梯田	梯田
	种植方向	—
	土地利用方式	水田
	种植模式	稻油轮作
农药流失参数	产流量（mm）	266
	施用量（g/亩，以有效成分计）	48.50
	常规流失量（g/亩，以有效成分计）	未检出
	对照流失量（g/亩，以有效成分计）	未检出
	相对流失量（g/亩，以有效成分计）	0.000 0
	流失系数（%）	0.000 0

（1）测算本系数的农田基本信息：

土壤质地：重壤。

土壤类型：黄壤。

肥力水平：中。

作物种类：水稻、籽用油菜。

（2）注意事项：未能满足以上条件的农田，可对照本模式下的相应参数，查找与之相近的模式下农药流失系数，确定所需模式下的农药流失系数。

模式 14 南方湿润平原区-平地-旱地-大田两熟及以上

模式参数	所属分区	南方湿润平原区
	地形	平地
	梯田/非梯田	—
	种植方向	—
	土地利用方式	旱地
	种植模式	大田两熟及以上
农药流失参数	产流量（mm）	154
	施用量（g/亩，以有效成分计）	180.00
	常规流失量（g/亩，以有效成分计）	0.130 6
	对照流失量（g/亩，以有效成分计）	未检出
	相对流失量（g/亩，以有效成分计）	0.130 6
	流失系数（%）	0.072 6

（1）测算本系数的农田基本信息：

土壤质地：黏土。

土壤类型：赤红壤。

肥力水平：中。

作物种类：大豆、玉米。

（2）注意事项：未能满足以上条件的农田，可对照本模式下的相应参数，查找与之相近的模式下农药流失系数，确定所需模式下的农药流失系数。

模式 15 南方湿润平原区-平地-旱地-大田一熟

模式参数	所属分区	南方湿润平原区
	地形	平地
	梯田/非梯田	—
	种植方向	—
	土地利用方式	旱地
	种植模式	大田一熟
农药流失参数	产流量（mm）	546
	施用量（g/亩，以有效成分计）	186.00
	常规流失量（g/亩，以有效成分计）	0.028 5
	对照流失量（g/亩，以有效成分计）	未检出
	相对流失量（g/亩，以有效成分计）	0.028 5
	流失系数（%）	0.009 5

（1）测算本系数的农田基本信息：

土壤质地：沙壤、黏土。

土壤类型：赤红壤、潮土。

肥力水平：中。

作物种类：甘蔗、棉花。

（2）注意事项：未能满足以上条件的农田，可对照本模式下的相应参数，查找与之相近的模式下农药流失系数，确定所需模式下的农药流失系数。

模式 16　南方湿润平原区-平地-旱地-露地蔬菜

模式参数	所属分区	南方湿润平原区
	地形	平地
	梯田/非梯田	—
	种植方向	—
	土地利用方式	旱地
	种植模式	露地蔬菜
农药流失参数	产流量（mm）	315
	施用量（g/亩，以有效成分计）	36.49
	常规流失量（g/亩，以有效成分计）	未检出
	对照流失量（g/亩，以有效成分计）	未检出
	相对流失量（g/亩，以有效成分计）	0.000 0
	流失系数（%）	0.000 0

（1）测算本系数的农田基本信息：

土壤质地：沙壤、中壤。

土壤类型：红壤。

肥力水平：中、高。

作物种类：根茎叶类蔬菜、扁豆。

（2）注意事项：未能满足以上条件的农田，可对照本模式下的相应参数，查找与之相近的模式下农药流失系数，确定所需模式下的农药流失系数。

模式 17　南方湿润平原区-平地-水田-稻油轮作

模式参数	所属分区	南方湿润平原区
	地形	平地
	梯田/非梯田	—
	种植方向	—
	土地利用方式	水田
	种植模式	稻油轮作
农药流失参数	产流量（mm）	285
	施用量（g/亩，以有效成分计）	100.00
	常规流失量（g/亩，以有效成分计）	未检出
	对照流失量（g/亩，以有效成分计）	未检出
	相对流失量（g/亩，以有效成分计）	0.000 0
	流失系数（%）	0.000 0

（1）测算本系数的农田基本信息：

土壤质地：黏土。

土壤类型：黄棕壤。

肥力水平：中。

作物种类：水稻、籽用油菜。

（2）注意事项：未能满足以上条件的农田，可对照本模式下的相应参数，查找与之相近的模式下农药流失系数，确定所需模式下的农药流失系数。

模式 18　南方湿润平原区-平地-水田-其他

模式参数	所属分区	南方湿润平原区
	地形	平地
	梯田/非梯田	—
	种植方向	—
	土地利用方式	水田
	种植模式	其他
农药流失参数	产流量（mm）	994
	施用量（g/亩，以有效成分计）	80.00
	常规流失量（g/亩，以有效成分计）	未检出
	对照流失量（g/亩，以有效成分计）	未检出
	相对流失量（g/亩，以有效成分计）	0.000 0
	流失系数（%）	0.000 0

（1）测算本系数的农田基本信息：

土壤质地：中壤。

土壤类型：水稻土。

肥力水平：高。

作物种类：水稻、瓜果类蔬菜。

（2）注意事项：未能满足以上条件的农田，可对照本模式下的相应参数，查找与之相近的模式下农药流失系数，确定所需模式下的农药流失系数。

模式 19 南方湿润平原区-平地-水田-双季稻

模式参数	所属分区	南方湿润平原区
	地形	平地
	梯田/非梯田	—
	种植方向	—
	土地利用方式	水田
	种植模式	双季稻
农药流失参数	产流量（mm）	502
	施用量（g/亩，以有效成分计）	67.60
	常规流失量（g/亩，以有效成分计）	未检出
	对照流失量（g/亩，以有效成分计）	未检出
	相对流失量（g/亩，以有效成分计）	0.000 0
	流失系数（%）	0.000 0

（1）测算本系数的农田基本信息：

土壤质地：沙土、中壤、重壤。

土壤类型：水稻土。

肥力水平：中、高。

作物种类：水稻。

（2）注意事项：未能满足以上条件的农田，可对照本模式下的相应参数，查找与之相近的模式下农药流失系数，确定所需模式下的农药流失系数。

第二节　地下淋溶

模式 20　东北半湿润平原区-平地-旱地-春玉米

模式参数	所属分区	东北半湿润平原区
	地形	平地
	梯田/非梯田	—
	种植方向	—
	土地利用方式	旱地
	种植模式	春玉米
农药流失参数	产流量（mm）	83
	施用量（g/亩，以有效成分计）	195.00
	常规流失量（g/亩，以有效成分计）	未检出
	对照流失量（g/亩，以有效成分计）	未检出
	相对流失量（g/亩，以有效成分计）	0.000 0
	流失系数（%）	0.000 0

（1）测算本系数的农田基本信息：

土壤质地：中壤。

土壤类型：黑土。

肥力水平：中。

作物种类：玉米。

（2）注意事项：未能满足以上条件的农田，可对照本模式下的相应参数，查找与之相近的模式下农药流失系数，确定所需模式下的农药流失系数。

模式 21　东北半湿润平原区-平地-旱地-大豆

模式参数	所属分区	东北半湿润平原区
	地形	平地
	梯田/非梯田	—
	种植方向	—
	土地利用方式	旱地
	种植模式	大豆
农药流失参数	产流量（mm）	21
	施用量（g/亩，以有效成分计）	87.75
	常规流失量（g/亩，以有效成分计）	0.013 0
	对照流失量（g/亩，以有效成分计）	未检出
	相对流失量（g/亩，以有效成分计）	0.013 0
	流失系数（%）	0.014 8

（1）测算本系数的农田基本信息：

土壤质地：轻壤。

土壤类型：暗棕壤。

肥力水平：中。

作物种类：大豆。

（2）注意事项：未能满足以上条件的农田，可对照本模式下的相应参数，查找与之相近的模式下农药流失系数，确定所需模式下的农药流失系数。

模式 22 黄淮海半湿润平原区-平地-旱地-保护地

模式参数	所属分区	黄淮海半湿润平原区
	地形	平地
	梯田/非梯田	—
	种植方向	—
	土地利用方式	旱地
	种植模式	保护地
农药流失参数	产流量（mm）	147
	施用量（g/亩，以有效成分计）	60.30
	常规流失量（g/亩，以有效成分计）	0.136 5
	对照流失量（g/亩，以有效成分计）	未检出
	相对流失量（g/亩，以有效成分计）	0.136 5
	流失系数（%）	0.139 3

（1）测算本系数的农田基本信息：

土壤质地：沙壤、中壤、轻壤、黏土。

土壤类型：褐土、潮土、垆土、棕壤。

肥力水平：中、高。

作物种类：根茎叶类蔬菜、瓜果类蔬菜。

（2）注意事项：未能满足以上条件的农田，可对照本模式下的相应参数，查找与之相近的模式下农药流失系数，确定所需模式下的农药流失系数。

模式 23　黄淮海半湿润平原区-平地-旱地-大田其他两熟

模式参数	所属分区	黄淮海半湿润平原区
	地形	平地
	梯田/非梯田	—
	种植方向	—
	土地利用方式	旱地
	种植模式	大田其他两熟
农药流失参数	产流量（mm）	36
	施用量（g/亩，以有效成分计）	66.00
	常规流失量（g/亩，以有效成分计）	未检出
	对照流失量（g/亩，以有效成分计）	未检出
	相对流失量（g/亩，以有效成分计）	0.000 0
	流失系数（%）	0.000 0

（1）测算本系数的农田基本信息：

土壤质地：沙土、轻壤。

土壤类型：潮土。

肥力水平：高。

作物种类：小麦、大豆、地芸豆、玉米。

（2）注意事项：未能满足以上条件的农田，可对照本模式下的相应参数，查找与之相近的模式下农药流失系数，确定所需模式下的农药流失系数。

模式 24　黄淮海半湿润平原区-平地-旱地-大田小麦玉米两熟

模式参数	所属分区	黄淮海半湿润平原区
	地形	平地
	梯田/非梯田	—
	种植方向	—
	土地利用方式	旱地
	种植模式	大田小麦玉米两熟
农药流失参数	产流量（mm）	149
	施用量（g/亩，以有效成分计）	91.20
	常规流失量（g/亩，以有效成分计）	0.043 9
	对照流失量（g/亩，以有效成分计）	未检出
	相对流失量（g/亩，以有效成分计）	0.043 9
	流失系数（%）	0.043 9

（1）测算本系数的农田基本信息：

土壤质地：沙土、沙壤、中壤、黏土。

土壤类型：潮土。

肥力水平：中、高。

作物种类：小麦、玉米。

（2）注意事项：未能满足以上条件的农田，可对照本模式下的相应参数，查找与之相近的模式下农药流失系数，确定所需模式下的农药流失系数。

模式 25　黄淮海半湿润平原区-平地-旱地-露地蔬菜

模式参数	所属分区	黄淮海半湿润平原区
	地形	平地
	梯田/非梯田	—
	种植方向	—
	土地利用方式	旱地
	种植模式	露地蔬菜
农药流失参数	产流量（mm）	59
	施用量（g/亩，以有效成分计）	51.30
	常规流失量（g/亩，以有效成分计）	未检出
	对照流失量（g/亩，以有效成分计）	未检出
	相对流失量（g/亩，以有效成分计）	0.000 0
	流失系数（%）	0.000 0

（1）测算本系数的农田基本信息：

土壤质地：沙土、中壤、轻壤、黏土。

土壤类型：褐土、潮土。

肥力水平：中、高。

作物种类：娃娃菜、茄子、甘蓝、生姜、豆角、白菜、辣椒、黄瓜、韭菜。

（2）注意事项：未能满足以上条件的农田，可对照本模式下的相应参数，查找与之相近的模式下农药流失系数，确定所需模式下的农药流失系数。

模式 26　黄淮海半湿润平原区-平地-旱地-园地

模式参数	所属分区	黄淮海半湿润平原区
	地形	平地
	梯田/非梯田	—
	种植方向	—
	土地利用方式	旱地
	种植模式	园地
农药流失参数	产流量（mm）	88
	施用量（g/亩，以有效成分计）	84.55
	常规流失量（g/亩，以有效成分计）	未检出
	对照流失量（g/亩，以有效成分计）	未检出
	相对流失量（g/亩，以有效成分计）	0.000 0
	流失系数（%）	0.000 0

（1）测算本系数的农田基本信息：

土壤质地：沙壤、中壤、黏土、重壤。

土壤类型：褐土、潮土、棕壤。

肥力水平：中。

作物种类：葡萄、板栗、苹果。

（2）注意事项：未能满足以上条件的农田，可对照本模式下的相应参数，查找与之相近的模式下农药流失系数，确定所需模式下的农药流失系数。

模式 27　南方湿润平原区-平地-旱地-大田两熟及以上

模式参数	所属分区	南方湿润平原区
	地形	平地
	梯田/非梯田	—
	种植方向	—
	土地利用方式	旱地
	种植模式	大田两熟及以上
农药流失参数	产流量（mm）	162
	施用量（g/亩，以有效成分计）	45.00
	常规流失量（g/亩，以有效成分计）	未检出
	对照流失量（g/亩，以有效成分计）	未检出
	相对流失量（g/亩，以有效成分计）	0.000 0
	流失系数（%）	0.000 0

（1）测算本系数的农田基本信息：

土壤质地：黏土。

土壤类型：黄褐土。

肥力水平：中。

作物种类：小麦、大豆。

（2）注意事项：未能满足以上条件的农田，可对照本模式下的相应参数，查找与之相近的模式下农药流失系数，确定所需模式下的农药流失系数。

模式 28 西北干旱半干旱平原区-平地-旱地-大田一熟

模式参数	所属分区	西北干旱半干旱平原区
	地形	平地
	梯田/非梯田	—
	种植方向	—
	土地利用方式	旱地
	种植模式	大田一熟
农药流失参数	产流量（mm）	135
	施用量（g/亩，以有效成分计）	40.00
	常规流失量（g/亩，以有效成分计）	未检出
	对照流失量（g/亩，以有效成分计）	未检出
	相对流失量（g/亩，以有效成分计）	0.000 0
	流失系数（%）	0.000 0

（1）测算本系数的农田基本信息：

土壤质地：中壤。

土壤类型：栗钙土。

肥力水平：中。

作物种类：小麦。

（2）注意事项：未能满足以上条件的农田，可对照本模式下的相应参数，查找与之相近的模式下农药流失系数，确定所需模式下的农药流失系数。

模式 29 西北干旱半干旱平原区-平地-旱地-棉花

模式参数	所属分区	西北干旱半干旱平原区
	地形	平地
	梯田/非梯田	—
	种植方向	—
	土地利用方式	旱地
	种植模式	棉花
农药流失参数	产流量（mm）	117
	施用量（g/亩，以有效成分计）	90.25
	常规流失量（g/亩，以有效成分计）	未检出
	对照流失量（g/亩，以有效成分计）	未检出
	相对流失量（g/亩，以有效成分计）	0.000 0
	流失系数（%）	0.000 0

（1）测算本系数的农田基本信息：

土壤质地：黏土、重壤。

土壤类型：盐土、棕漠土。

肥力水平：中。

作物种类：棉花。

（2）注意事项：未能满足以上条件的农田，可对照本模式下的相应参数，查找与之相近的模式下农药流失系数，确定所需模式下的农药流失系数。

模式 30　西北干旱半干旱平原区-平地-旱地-园地

模式参数	所属分区	西北干旱半干旱平原区
	地形	平地
	梯田/非梯田	—
	种植方向	—
	土地利用方式	旱地
	种植模式	园地
农药流失参数	产流量（mm）	237
	施用量（g/亩，以有效成分计）	114.00
	常规流失量（g/亩，以有效成分计）	未检出
	对照流失量（g/亩，以有效成分计）	未检出
	相对流失量（g/亩，以有效成分计）	0.000 0
	流失系数（%）	0.000 0

（1）测算本系数的农田基本信息：

土壤质地：黏土。

土壤类型：棕漠土。

肥力水平：中。

作物种类：葡萄。

（2）注意事项：未能满足以上条件的农田，可对照本模式下的相应参数，查找与之相近的模式下农药流失系数，确定所需模式下的农药流失系数。

第十三章　异 丙 隆

地表径流

模式 1　南方湿润平原区-平地-水田-稻麦轮作

模式参数	所属分区	南方湿润平原区
	地形	平地
	梯田/非梯田	—
	种植方向	—
	土地利用方式	水田
	种植模式	稻麦轮作
农药流失参数	产流量（mm）	560
	施用量（g/亩，以有效成分计）	12.50
	常规流失量（g/亩，以有效成分计）	0.032 8
	对照流失量（g/亩，以有效成分计）	0.007 3
	相对流失量（g/亩，以有效成分计）	0.025 5
	流失系数（%）	0.147 0

（1）测算本系数的农田基本信息：

土壤质地：中壤。

土壤类型：水稻土。

肥力水平：高。

作物种类：小麦、水稻。

（2）注意事项：未能满足以上条件的农田，可对照本模式下的相应参数，查找与之相近的模式下农药流失系数，确定所需模式下的农药流失系数。

图书在版编目（CIP）数据

全国农田面源污染排放系数手册／任天志等著．—北京：中国农业出版社，2015.7
ISBN 978-7-109-19670-4

Ⅰ.①全… Ⅱ.①任… Ⅲ.①农田污染—面源污染—排放系数—中国—手册 Ⅳ.①X53-62

中国版本图书馆 CIP 数据核字（2015）第 177895 号

中国农业出版社出版
（北京市朝阳区麦子店街 18 号楼）
（邮政编码 100125）
策划编辑　张德君
文字编辑　陈睿赜

北京中科印刷有限公司印刷　新华书店北京发行所发行
2015 年 11 月第 1 版　2015 年 11 月北京第 1 次印刷

开本：787mm×1092mm　1/16　印张：17.5
字数：450 千字
定价：120.00 元